中国人的处世绝学 壹

菜根谭

围炉夜话

〔明〕洪应明 著
〔清〕王永彬 著
八大山人绘 舒雨注

北京日报出版社

图书在版编目（CIP）数据

中国人的处世绝学：全2册 /（明）洪应明,（清）王永彬,（明）陈继儒著；八大山人绘；舒雨校注. -- 北京：北京日报出版社, 2019.8

ISBN 978-7-5477-3360-8

Ⅰ. ①中… Ⅱ. ①洪… ②王… ③陈… ④八… ⑤舒… Ⅲ. ①人生哲学—中国—明清时代 Ⅳ. ①B825

中国版本图书馆CIP数据核字（2019）第123367号

中国人的处世绝学：全2册

出版发行：北京日报出版社

地　　址：北京市东城区东单三条 8-16 号东方广场东配楼四层

邮　　编：100005

电　　话：发行部：（010）65255876

总编室：（010）65252135

印　　刷：北京飞帆印刷有限公司

经　　销：各地新华书店

版　　次：2019年8月第1版　2020年4月第3次印刷

开　　本：850毫米×1168毫米　1/32

总 印 张：13

总 字 数：225千字

总 定 价：58.00元（全2册）

前言

处世是门学问。怎样与世界相处，怎样与自我相处，怎样才能有意义地度过这一生，是人们要用毕生思索的问题。

在这个物欲横流的嘈杂时代，你是否苦恼于漫无方向的随波逐流？你是否时常感到焦虑，需要强大的精神力量来支撑你人生的方向？你是否需要停下脚步，沉淀一下你日趋浮躁的心灵？那么，就请沏上一杯清茶，来仔细品一品这本《中国人的处世绝学》吧。

所谓《中国人的处世绝学》，实为脍炙人口的《菜根谭》《小窗幽记》和《围炉夜话》三书合集，世称其为“处世三大奇书”。

“处世三大奇书”中流传最广的，要属明代洪应明所著《菜根谭》了。俗语说“人常咬得菜根，则百事可做”，在每日的粗茶淡饭、艰难险阻中体会人生百味，其滋味就更真切了。明代以来，此书已在民间流传，为读者所推崇。至二十世纪八十年代，此书在东瀛深受欢迎，这又使其在读书热潮中回到属于它的土壤，再次获得重视，绽放了本该有的光芒。就像书中所写的那样："欲做精金美玉的人品，定从烈火中煅来。"人品如此，书品亦如此，真金不怕火炼，或许这是上天对它的一场考验，注定它将大放异彩。此书的流行与它深刻的内容是分不开的，其文笔言简意赅，细读起来字字都经过精心斟酌，信手拈来皆是富含哲理的金句，此刻不得不又一次联想到它的名字了，虽似菜根一般朴实无奇，其滋味却是愈品愈浓，回味无穷。

《小窗幽记》的作者一直颇有争议。一种说法是根据乾隆三十五年刊本提供的信息，此书的作者应是明代文学家陈继儒。陈本敬在此书序言中说："眉公先生负一代盛名，立志高尚，著述等身，曾集《小窗幽纪》以自娱。"而另一种说法则是此书与晚明陆绍珩所辑录的《醉古堂剑扫》内容几乎一致，不过是略加修改，便将《醉古堂剑扫》更名为《小窗幽记》，冠以陈眉公的盛名出版了。不管如何，读者更多的是对书的内容产生了兴趣。本书集古人和当时明人的名言警句、丽词醒语于一身，分为集醒、集情、集峭、集灵、集素、集景、集韵、集奇、集绮、集豪、集法、集倩共十二卷，既有为人处世的道理，又有文人墨客的雅趣，更有田园山林的恬淡，堪称古人名言名句大全。读此书，如服一剂清凉散，颇有陶冶情操、沁人心脾之效。

《围炉夜话》是清代王永彬所著的一部语录体通俗读物，它语言平实，却字字珠玑，所述皆为君子正己修身、立身处世的经验之谈，以闲话家常的方式娓娓道来，宛如一位亲切智慧的长者的谆谆教诲，在人生道路上给我们指引正确的方向，令人受益颇多。

前人种树，后人纳凉。三书皆是前人用毕生智慧总结出的金玉良言、处世“奇”言，直至今日，细读其文，仍觉受用无穷。为人处世的道理永远不会过时，个中滋味，值得我们用心去品味和感悟。

本书文字简单易懂，朗朗上口。编者选取了经典底本，加以精校，又酌加注释，以便帮助读者进一步理解。文中配以八大山人富有哲理的绘画作为插图，为读者提供足够的想象空间。因编者水平有限，整理未当之处在所难免，敬请读者不吝指正。

目录

菜根谭

题词 /5
序 /7
修身 /9
应酬 /18
评议 /30
闲适 /41
概论 /52

围炉夜话

序 /93
正文 /95

菜根谭 | 明　洪应明

本书为明代洪应明所著。洪应明，字自诚，号还初道人，明万历时人。除本书外，还著有《仙佛奇踪》。他“幼慕纷华，晚栖禅寂”，早年热衷于仕途功名，晚年则归隐山林，修道求仙。《菜根谭》涵盖了修身、处世、待人、接物等人生的方方面面，融汇了儒、释、道三家思想，文辞简洁优美，又蕴含着深刻哲理，耐人寻味，百读不厌。本书以1931年陶湘校刻《还初道人著书二种》本为底本整理。

洪氏菜根
譚一卷
董康題

《还初道人著书二种》书影

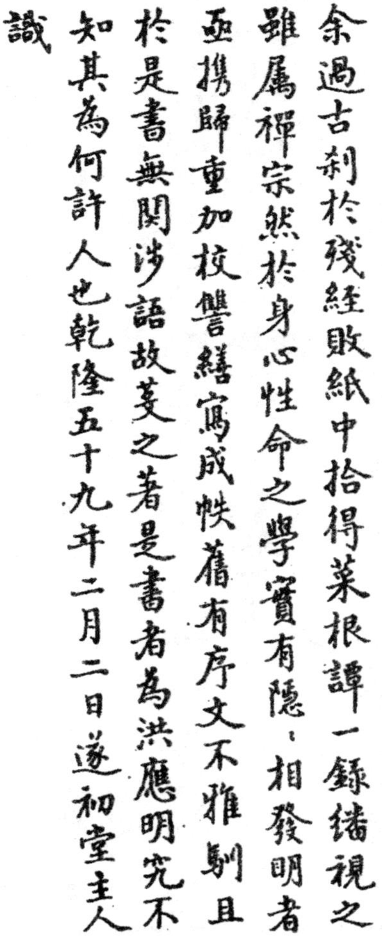

余過古刹於殘經敗紙中拾得菜根譚一錄讎視之雖屬禪宗然於身心性命之學實有隱隱相發明者亟携歸重加校讐繕寫成帙舊有序文不雅馴且於是書無關涉語故芟之著是書者爲洪應明究不知其爲何許人也乾隆五十九年二月二日遂初堂主人識

《还初道人著书二种》书影

《菜根谭》题词

逐客孤踪，屏居蓬舍。乐与方以内人游，不乐与方以外人游也。妄与千古圣贤置辩于五经同异之间，不妄与二三小子浪迹于云山变幻之麓也。日与渔父、田夫朗吟唱和于五湖之滨、绿野之坳，不日与竞刀锥、荣升斗者交臂抒情于冷热之场、腥膻之窟也。间有习濂洛之说者牧之，习竺乾之业者辟之，为谭天、雕龙之辩者远之，此足以毕予山中伎俩矣。

适有友人洪自诚者，持《菜根谭》示予，且丐予序。予始也訑訑说然视之耳，既而彻几上之陈编，屏胸中杂虑，手读之，则觉其谭性命直入玄微，道人情曲尽岩险。俯仰天地，见胸次之夷犹；尘芥功名，知识趣之高远。笔底陶铸，无非绿树青山；口吻化工，尽是鸢飞鱼跃。此其自得何如，固未能深信。而据所擒词，悉砭世醒空之吃紧，非入耳出口之浮华也。

谭以“菜根”名，固自清苦历练中来，亦自栽培灌溉里得，其颠风波，备尝险阻可想矣。洪子曰:“天劳我以形，吾逸吾心以补天；天厄我以遇，吾高吾道以通之。”其所自警自力者又可思矣。由是以数语弁之，俾公诸人人，知菜根中有真味也。

三峰主人于孔兼题

序

余过古刹，于残经败纸中拾得《菜根谭》一录。翻视之，虽属禅宗，然于身心性命之学，实有隐隐相发明者。亟携归，重加校雠，缮写成帙。旧有序，文不雅驯，且于是书无关涉语，故芟之。著是书者为洪应明，究不知其为何许人也。

乾隆五十九年二月二日　遂初堂主人识

修　身

欲做精金美玉的人品，定从烈火中煅来；思立掀天揭地的事功，须向薄冰上履过。

一念错，便觉百行皆非，防之当如渡海浮囊，勿容一针之罅漏[1]；万善全，始得一生无愧。修之当如凌云宝树，须假众木以撑持。

忙处事为，常向闲中先检点，过举[2]自稀。动时念想，预

1 罅（xià）漏：疏漏。

2 过举：过分的举动。

从静里密操持，非心自息。

为善而欲自高胜人，施恩而欲要名结好，修业而欲惊世骇俗，植节而欲标异见奇，此皆是善念中戈矛[1]，理路上荆棘，最易夹带，最难拔除者也。须是涤尽渣滓，斩绝萌芽，才见本来真体。

能轻富贵，不能轻一轻富贵之心；能重名义，又复重一重名义之念。是事境之尘氛未扫，而心境之芥蒂未忘。此处拔除不净，恐石去而草复生矣。

纷扰固溺志之场，而枯寂亦槁心[2]之地。故学者当栖心元默，以宁吾真体。亦当适志恬愉，以养吾圆机[3]。

昨日之非不可留，留之则根烬[4]复萌，而尘情终累乎理趣；今日之是不可执，执之则渣滓未化，而理趣反转为欲根。

1 戈矛：冲突。

2 槁心：心情冷漠。

3 圆机：指心体。

4 根烬：往日的过错。

无事便思有闲杂念想否，有事便思有粗浮意气否，得意便思有骄矜辞色否，失意便思有怨望情怀否。时时检点，到得从多入少、从有入无处，才是学问的真消息[1]。

士人有百折不回之真心，才有万变不穷之妙用。

立业建功，事事要从实地着脚，若少慕声闻[2]，便成伪果；讲道修德，念念要从虚处立基，若稍计功效，便落尘情。

身不宜忙，而忙于闲暇之时，亦可儆惕惰气；心不可放，而放于收摄[3]之后，亦可鼓畅天机[4]。

钟鼓体虚，为声闻而招击撞；麋鹿性逸，因豢养而受羁縻[5]。可见名为招祸之本，欲乃散志之媒。学者不可不力为扫除也。

---

1 消息：通道。这里指关键。

2 少慕声闻：稍稍有想要名声的想法。

3 收摄：约束。

4 天机：指人天生的本性。

5 羁縻（mí）：束缚。

一念常惺[1]，才避去神弓鬼矢；纤尘不染，方解开地网天罗。

一点不忍的念头，是生民生物之根芽；一段不为的气节，是撑天撑地之柱石。故君子于一虫一蚁不忍伤残，一缕一丝勿容贪冒，便可为万物立命、天地立心矣。

拨开世上尘氛，胸中自无火焰冰竞；消却心中鄙吝，眼前时有月到风来。

学者动静殊操[2]、喧寂异趣，还是煅炼未熟、心神混淆故耳。须是操存涵养，定云止水中，有鸢[3]飞鱼跃的景象；风狂雨骤处，有波恬浪静的风光，才见处一化齐之妙。

心是一颗明珠。以物欲障蔽之，犹明珠而混以泥沙，其洗涤犹易；以情识衬贴之，犹明珠而饰以银黄[4]，其洗涤最难。故学者不患垢病，而患洁病之难治；不畏事障，而畏理障之难除。

---

1 惺：清醒。

2 殊操：操行不一。

3 鸢（yuān）：老鹰。

4 银黄：白银和黄金。

躯壳的我要看得破，破则万有皆空而其心常虚[1]，虚则义理来居；性命的我要认得真，真则万理皆备而其心常实，实则物欲不入。

面上扫开十层甲[2]，眉目才无可憎；胸中涤去数斗尘，语言方觉有味。

完的[3]心上之本来，方可言了心；尽得世间之常道，才堪论出世。

我果为洪炉大冶，何患顽金钝铁之不可陶镕。我果为巨海长江，何患横流污渎[4]之不能容纳。

白日欺人，难逃清夜之愧报；红颜失志，空贻皓首[5]之悲伤。

---

1 虚：空。

2 十层甲：层层的伪装。

3 完的：完全了解。

4 横流污渎：横流，不循原道的溪流。污渎，又脏又浅的水沟。

5 皓首：白头。

以积货财之心积学问，以求功名之念求道德，以爱妻子之心爱父母，以保爵位之策保国家，出此入彼，念虑只差毫末，而超凡入圣，人品且判星渊[1]矣。人胡不猛然转念哉！

立百福之基，只在一念慈祥；开万善之门，无如寸心挹损[2]。

塞得物欲之路，才堪辟道义之门；驰得尘俗之肩，方可挑圣贤之担。

容得性情上偏私，便是一大学问；消得家庭内嫌隙，便是一大经纶。

功夫自难处做去者，如逆风鼓棹[3]，才是一段真精神；学问自苦中得来者，似披沙获金，才是一个真消息。

执拗者福轻，而圆融之人其禄[4]必厚；操切者寿夭，而宽厚之士其年必长。故君子不言命，养性即所以立命；亦不言

1 星渊：深渊，指差别大。

2 挹（yì）损：谦逊。

3 鼓棹：划桨。

4 禄：禄命。

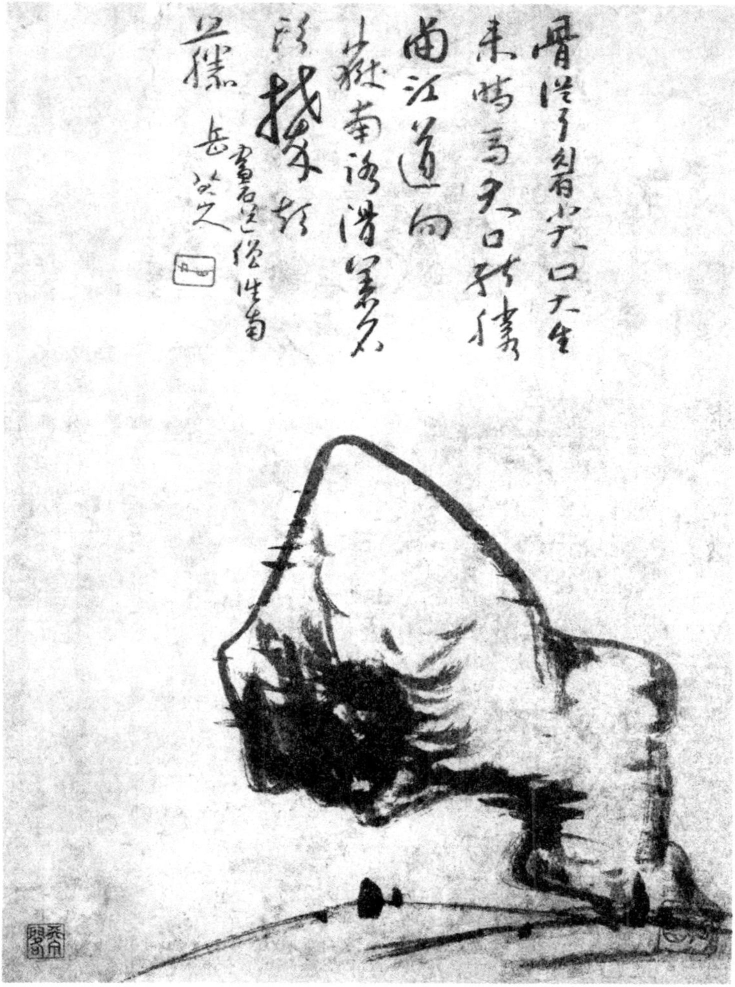

士人有百折不回之真心，才有万变不穷之妙用。

天，尽人自可以回天。

才智英敏者，宜以学问摄其躁；气节激昂者，当以德性融其偏。

云烟影里现真身，始悟形骸为桎梏[1]；禽鸟声中闻自性，方知情识是戈矛。

人欲从初起剪除，便似新刍剧斩，其工夫极易；天理自乍明[2]时充拓，便如尘镜复磨，其光彩更新。

一勺水，便具四海水味，世法不必尽尝；千江月，总是一轮月光，心珠[3]宜当独朗。

得意处论地谈天，俱是水底捞月；拂意时吞水啮雪，才为火内栽莲。

事理因人言而悟者，有悟还有迷，总不如自悟之了了；

---

1 桎梏：束缚。

2 乍明：刚刚通晓事理。

3 心珠：喻清净如明珠的心性。

意兴从外境而得者，有得还有失，总不如自得之休休。

情之同处即为性[1]，舍情则性不可见，欲之公处即为理，舍欲则理不可明。故君子不能灭情，唯事平情而已；不能绝欲，唯期寡欲而已。

欲遇变而无仓忙，须向常时念念守得定；欲临死而无贪恋，须向生时事事看得轻。

一念过差，足丧生平之善；终身检饬，难盖一事之愆[2]。

从五更枕席上参勘心体，气未动，情未萌，才见本来面目；向三时饮食中谙练世味，浓不欣，淡不厌，方为切实工夫。

1 性：人的本性。

2 愆（qiān）：过失。

应　酬

操存要有真宰[1]，无真宰则遇事便倒，何以植顶天立地之砥柱？应用要有圆机[2]，无圆机则触物有碍，何以成旋乾转坤之经纶！

士君子之涉世，于人不可轻为喜怒，喜怒轻，则心腹肝胆皆为人所窥；于物不可重为爱憎，爱憎重，则意气精神悉为物所制。

1 真宰：指信念。

2 圆机：圆融变通。

倚高才而玩世，背后须防射影之虫[1]；饰厚貌以欺人，面前恐有照胆之镜。

心体澄彻，常在明镜止水之中，则天下自无可厌之事；意气和平，常在丽日光风之内，则天下自无可恶之人。

当是非邪正之交，不可少[2]迁就，少迁就则失从违之正；值利害得失之会，不可太分明，太分明则起趋避之私。

苍蝇附骥[3]，捷则捷矣，难辞处后之羞；萝茑[4]依松，高则高矣，未免仰攀之耻。所以君子宁以风霜自挟，毋为鱼鸟亲人。

好丑心太明，则物不契；贤愚心太明，则人不亲。士君子须是内精明而外浑厚，使好丑两得其平，贤愚共受其益，才是生成的德量。

---

1 射影之虫：指小人。

2 少：稍有。

3 骥：马尾巴。

4 萝茑（niǎo）：指女萝和茑。两种蔓生植物，常缘树而生。

伺察以为明者，常因明而生暗，故君子以恬养智；奋迅以为速者，多因速度而致迟，故君子以重持轻。

士君子济人利物，宜居其实，不宜居其名，居其名则德损；士大夫忧国为民，当有其心，不当有其语，有其语则毁来。

遇大事矜持者，小事必纵弛；处明庭检饰[1]者，暗室必放逸。君子只是一个念头持到底，自然临小事如临大敌，坐密室若坐通衢。

使人有面前之誉，不若使其无背后之毁；使人有乍交之欢，不若使其无久处之厌。

善启迪人心者，当因其所明而渐通之，毋强开其所闭；善移风化[2]者，当因其所易而渐及之，毋轻矫其所难。

彩笔描空，笔不落色，而空亦不受染；利刀割水，刀不损锷[3]，而水亦不留痕。得此意以持身涉世，感与应俱适，心

1 检饰：检点约束。

2 风化：风俗教化。

3 锷：刀锋。

与境两忘矣。

己之情欲不可纵，当用逆之之法以制之，其道只在一忍字；人之情欲不可拂[1]，当用顺之之法以调之，其道只在一恕字。今人皆恕以适己而忍以制人，毋乃不可乎！

好察非明，能察能不察之谓明；必胜非勇，能胜能不胜之谓勇。

随时[2]之内善救时，若和风之消酷暑；混俗之中能脱俗，似淡月之映轻云。

思入世而有为者，须先领得世外风光，否则无以脱垢浊之尘缘；思出世而无染者，须先谙[3]尽世中滋味，否则无以持空寂之后苦趣。

与人[4]者，与其易疏于终，不若难亲于始；御事[5]者，与其

1 拂：违反。

2 随时：顺应时代的潮流。

3 先谙：熟记。

4 与人：与人结交。

5 御事：处理事情。

巧持于后，不若拙守于前。

酷烈[1]之祸，多起于玩忽之人；盛满之功，常败于细微之事。故语云：人人道好，须防一人着恼；事事有功，须防一事不终。

功名富贵，直从灭处观究竟，则贪恋自轻；横逆困穷，直从起处究由来，则怨尤自息。

宇宙内事要力担当，又要善摆脱。不担当，则无经世之事业；不摆脱，则无出世之襟期[2]。

待人而留有余，不尽之恩礼，则可以维系无厌之人心；御事而留有余，不尽之才智，则可以提防不测之事变。

了心自了事，犹根拔而草不生；逃世不逃名，似膻存而蚋[3]仍集。

---

1 酷烈：非常严重的。

2 襟期：襟怀，志趣。

3 蚋（ruì）：一种昆虫。与蚊子和家蝇相近的、吸血蝇类的总称。

仇边之弩易避，而恩里之戈难防；苦时之坎易逃，而乐处之阱难脱。

膻秽则蝇蚋丛嘬，芳馨则蜂蝶交侵。故君子不作垢业，亦不立芳名。只是元气浑然，圭角不露，便是持身涉世一安乐窝也。

从静中观物动，向闲处看人忙，才得超尘脱俗的趣味；遇忙处会偷闲，处闹中能取静，便是安身立命的工夫。

邀千百人之欢，不如释一人之怨；希[1]千百事之荣，不如免一事之丑。

落落者[2]，难合亦难分；欣欣者[3]，易亲亦易散。是以君子宁以刚方见惮，毋以媚悦取容。

意气与天下相期，如春风之鼓畅庶类[4]，不宜存半点隔阂

1 希：希求。

2 落落者：形容孤单的、不随便与人交往的人。

3 欣欣者：招人喜欢的人。

4 庶类：众多的物类。

之形；肝胆与天下相照，似秋月之洞彻群品，不可作一毫暧昧之状。

仕途虽赫奕，常思林下的风味，则权势之念自轻；世途虽纷华，常思泉下的光景，则利欲之心自淡。

鸿未至先援弓，兔已亡再呼犬，总非当机作用；风息时休起浪，岸到处便离船，才是了手工夫。

从热闹场中出几句清冷言语，便扫除无限杀机；向寒微路上用一点赤热心肠，自培植许多生意。

随缘便是遣缘，似舞蝶与飞花共适；顺事自然无事，若满月偕盂水[1]同圆。

淡泊之守，须从浓艳场中试来；镇定之操，还向纷纭境上勘过。不然操持未定，应用未圆，恐一临机登坛，而上品禅师又成一下品俗士矣。

1 盂水：水盆。

廉所以戒贪。我果不贪，又何必标一廉名，以来贪夫之侧目[1]。让所以戒争。我果不争，又何必立一让的，以致暴客之弯弓。

无事常如有事时，提防才可以弥意外之变；有事常如无事时，镇定方可以消局中之危。

处世而欲人感恩，便为敛怨之道；遇事而为人除害，即是导利之机。

持身如泰山九鼎凝然不动，则愆尤自少；应事若流水落花悠然而逝，则趣味常多。

君子严如介石[2]，而畏其难亲，鲜不以明珠为怪物而起按剑之心；小人滑如脂膏而喜其易合，鲜不以毒螫为甘饴而纵染指[3]之欲。

遇事只一味镇定从容，纵纷若乱丝，终当就绪；待人无

---

1 侧目：不以正眼看人。形容怨恨。

2 介石：坚硬强劲的碑石。

3 染指：比喻取得非分利益。

半毫矫伪欺隐，虽狡[1]如山鬼，亦自献诚。

肝肠煦若春风，虽囊乏一文，还怜茕独[2]；气骨清如秋水，纵家徒四壁，终傲王公。

讨了人事的便宜，必受天道的亏；贪了世味的滋益，必招性分的损。涉世者宜审择之，慎毋贪黄雀而坠深井，舍隋珠而弹飞禽[3]也。

费千金而结纳贤豪，孰若[4]倾半瓢之粟，以济饥饿之人；构千楹而招来宾客，孰若葺数椽之茅，以庇孤寒之士。

解斗[5]者助之以威，则怒气自平；惩贪者济之以欲，则利心反淡。所谓因其势而利导之，亦救时应变一权宜法也。

市恩不如报德之为厚。雪忿不若忍耻为高。要誉不如逃

---

1 狡：狡猾。

2 茕（qióng）独：孤独无靠的人。

3 舍隋珠而弹飞禽：比喻不分轻重。

4 孰若：不如。

5 解斗：解决争斗。

处世而欲人感恩，便为敛怨之道；遇事而为人除害，即是导利之机。

名之为适。矫情不若直节[1]之为真。

救既败之事者，如驭临崖之马，休轻策一鞭；图垂成之功者，如挽上滩之舟，莫少[2]停一棹。

先达笑弹冠[3]，休向侯门轻曳裾[4]；相知犹按剑，莫从世路暗投珠。

杨修之躯见杀于曹操，以露己之长也；韦诞之墓见伐于钟繇，以秘己之美也。故哲士多匿采以韬光，至人[5]常逊美而公善。

少年的人，不患其不奋迅，常患奋迅而成卤莽，故当抑其躁心；老成的人，不患其不持重，常患以持重而成退缩，故当振其惰气。

---

1 直节：直来直去的气节。

2 少：稍稍。

3 弹冠：相友善者援引出仕。

4 曳裾：指奔走于权贵之间。

5 至人：道德高的人。

望重缙绅[1]，怎似寒微之颂德。朋来海宇，何如骨肉之孚心。

舌存常见齿亡，刚强终不胜柔弱；户朽未闻枢蠹[2]，偏执岂能及圆融。

1 缙绅：乡间有名望的人。

2 枢蠹（dù）：枢，门轴。蠹，蛀蚀。

评　议

物莫大于天地日月，而子美[1]云：日月笼中鸟，乾坤水上萍。事莫大于揖逊征诛[2]，而康节云：唐虞揖逊三杯酒，汤武征诛一局棋。人能以此胸襟眼界吞吐六合，上下千古，事来如沤[3]生大海，事去如影灭长空，自经纶万变而不动一尘矣。

君子好名，便起欺人之念；小人好名，犹怀畏人之心。

1 子美：杜甫，字子美，唐代著名诗人。

2 揖逊征诛：政权改换的两种方式。

3 沤：水泡，比喻极其渺小。

故人而皆好名，则开诈善之门。使[1]人而不好名，则绝为善之路。此讥好名者当严责君子，不当过求[2]于小人也。

大恶多从柔处伏，哲士须防绵里之针；深仇常自爱中来，达人宜远刀头之蜜。

持身涉世，不可随境而迁。须是大火流金而清风穆然，严霜杀物而和气蔼然，阴霾翳空而慧日朗然，洪涛倒海而砥柱屹然，方是宇宙内的真人品。

爱是万缘之根，当知割舍。识[3]是众欲之本，要力扫除。

作人要脱俗，不可存一矫俗之心；应世要随时，不可起一趋时之念。

宁有求全之毁[4]，不可有过情[5]之誉；宁有无妄之灾，不可

1 使：假若。
2 过求：过分责求。
3 识：知识。
4 毁：诋毁。
5 过情：超过实际情况。

有非分之福。

毁人者不美，而受人毁者，遭一番讪谤便加一番修省，可以释回而增美；欺人者非福，而受人欺者，遇一番横逆便长一番器宇[1]，可以转祸而为福。

梦里悬金佩玉，事事逼真，睡去虽真，觉后假；闲中演偈谈元，言言酷似，说来虽是，用时非。

天欲祸人，必先以微福骄之，所以福来不必喜，要看他会受；天欲福人，必先以微祸儆之，所以祸来不必忧，要看他会救。

荣与辱共蒂，厌辱何须求荣；生与死同根，贪生不必畏死。

作人只是一味率真，踪迹虽隐还显；存心若有半毫未净，事为虽公亦私。

---

1 器宇：胸襟。

鹩[1]占一枝，反笑鹏心奢侈；兔营三窟，转嗤[2]鹤垒高危。智小者不可以谋大，趣卑者不可与谈高。信然矣！

贫贱骄人，虽涉虚骄[3]，还有几分侠气；英雄欺世，纵似挥霍，全没半点真心。

糟糠不为彘[4]肥，何事偏贪钩下饵；锦绮岂因牺[5]贵，谁人能解笼中囮[6]。

琴书诗画，达士以之养性灵，而庸夫徒赏其迹象；山川云物，高人以之助学识，而俗子徒玩其光华。可见事物无定品，随人识见以为高下。故读书穷理，要以识趣为先。

美女不尚铅华[7]，似疏梅之映淡月；禅师不落空寂，若碧沼之吐青莲。

---

1 鹩（liáo）：鹪鹩，一种小鸟。

2 嗤：嘲笑。

3 虚骄：盲目的骄傲。

4 彘（zhì）：猪。

5 牺：牺牲，用来祭祀的牛羊。

6 囮（é）：媒鸟，捕鸟时用于引诱鸟的鸟。

7 铅华：指中国古代妇女用的化妆品。

廉官多无后，以其太清也；痴人每多福，以其近厚也。故君子虽重廉介[1]，不可无含垢纳污之雅量。虽戒痴顽，亦不必有察渊洗垢之精明。

密则神气拘逼[2]，疏则天真烂漫，此岂独诗文之工拙从此分哉？吾见周密之人纯用机巧，疏狂之士独任性真，人心之生死亦于此判也。

翠筱[3]傲严霜，节纵孤高，无伤冲雅；红蕖[4]媚秋水，色虽艳丽，何损清修？

贫贱所难，不难在砥节[5]，而难在用情；富贵所难，不难在推恩，而难在好礼[6]。

簪缨之士[7]，常不及孤寒之子可以抗节致忠；庙堂之士，常

1 廉介：廉洁正派。
2 拘逼：拘谨。
3 筱（xiǎo）：小竹子。
4 红蕖：指红荷花。
5 砥节：磨炼意志。
6 好礼：按礼的准则行事。
7 簪缨之士：享受国家俸禄的人。

不及山野之夫可以料事烛理。何也？彼以浓艳损志，此以淡泊全真也。

荣宠旁边辱等待，不必扬扬；困穷背后福跟随，何须戚戚。

古人闲适处，今人却忙过了一生；古人实受处，今人又虚度了一世。总是耽空逐妄，看个色身不破，认个法身不真耳。

芝草无根醴[1]无源，志士当勇奋翼；彩云易散琉璃脆，达人当早回头。

少壮者，事事当用意而意反轻，徒泛泛作水中凫[2]而已，何以振云霄之翮[3]？衰老者，事事宜忘情而情反重，徒碌碌为辕下驹而已，何以脱缰锁之身？

帆只扬五分，船便安。水只注五分，器便稳。如韩信以勇略震主被擒，陆机以才名冠世见杀，霍光败于权势逼君，石崇死于财赋敌国，皆以十分取败者也。康节云：饮酒莫教

1 醴（lǐ）：甘美的泉水。
2 凫（fú）：野鸭。
3 翮（hé）：鸟翼。

成酩酊，看花慎勿至离披[1]。旨哉言乎！

附势者如寄生依木，木伐而寄生亦枯；窃利者如蜡虰[2]盗人，人死而蜡虰营亦灭。始以势利害人，终以势利自毙。势利之为害也，如是夫！

失血于杯中，堪笑猩猩之嗜酒；为巢于幕上，可怜燕燕之偷安。

鹤立鸡群，可谓超然无侣矣。然进而观于大海之鹏，则眇然[3]自小。又进而求之九霄之凤，则巍乎莫及。所以至人常若无若虚，而盛德多不矜不伐[4]也。

贪心胜者，逐兽而不见泰山在前，弹雀而不知深井在后；疑心胜者，见弓影而惊杯中之蛇，听人言而信市上之虎。人心一偏，遂视有为无，造无作有。如此，心可妄动乎哉！

---

1 离披：纷落散乱的样子。

2 蜡虰：寄生虫。

3 眇然：高远、辽阔的样子。

4 不矜不伐：不骄傲，不夸耀。

蛾扑火，火焦蛾，莫谓祸生无本；果种花，花结果，须知福至有因。

车争险道，马骋先鞭，到败处未免噬脐[1]；粟喜堆山，金夸过斗，临行时还是空手。

花逞春光，一番雨、一番风，催归尘土；竹坚雅操，几朝霜、几朝雪，傲就琅玕[2]。

富贵是无情之物，看得他重，他害你越大；贫贱是耐久之交，处得他好，他益你深。故贪商于而恋金谷者，竟被一时之显戮；乐箪瓢而甘敝缊[3]者，终享千载之令名。

鸰[4]恶铃而高飞，不知敛翼而铃自息；人恶影而疾走，不知处阴而影自灭。故愚夫徒疾走高飞，而平地反为苦海；达士知处阴敛翼，而巉岩[5]亦是坦途。

---

1 噬脐：自己咬自己的肚脐，比喻后悔已晚。

2 琅（láng）玕（gān）：指似珠玉的美石。

3 敝缊（yùn）：破旧丝绵。

4 鸰（líng）：鹡鸰，一种鸟。

5 巉（chán）岩：险峻的山岩。

秋虫春鸟共畅天机[1]，何必浪生悲喜；老树新花同含生意，胡为妄别媸妍[2]？

多栽桃李少栽荆，便是开条福路；不积诗书偏积玉，还如筑个祸基。

万境一辙，原无地著个穷通；万物一体，原无处分个彼我。世人迷真逐妄，乃向坦途上自设一坷坎，从空洞中自筑一藩篱。良足慨哉！

大聪明的人，小事必朦胧；大懵懂[3]的人，小事必伺察。盖伺察乃懵懂之根，而朦胧正聪明之窟也。

大烈鸿猷[4]，常出悠闲镇定之士，不必忙忙；休征景福[5]，多集宽洪长厚之家，何须琐琐？

---

1 天机：天赋的灵性。

2 媸妍：丑与美。

3 懵懂：糊涂。

4 鸿猷（yóu）：重大的功业。

5 休征景福：吉祥的征兆。

贫士肯济人，才是性天中惠泽；闹场能学道，方为心地上工夫。

人生只为欲字所累，便如马如牛，听人羁络；为鹰为犬，任物鞭笞。若果一念清明，淡然无欲，天地也不能转动我，鬼神也不能役使我，况一切区区事物乎！

贪得者身富而心贫，知足者身贫而心富；居高者形逸而神劳，处下者形劳而神逸。孰得孰失，孰幻孰真，达人当自辨之。

众人以顺境为乐，而君子乐自逆境中来；众人以拂意为忧，而君子忧从快意处起。盖众人忧乐以情，而君子忧乐以理也。

谢豹覆面，犹知自愧；唐鼠易肠，犹知自悔。盖愧悔二字，乃吾人去恶迁善之门、起死回生之路也。人生若无此念头，便是既死之寒灰，已枯之槁木矣。何处讨些生理？

异宝奇琛[1]，俱民必争之器；瑰节奇行，多冒不祥之名。总

1 琛（chēn）：珍宝。

不若寻常历履易简行藏，可以完天地浑噩[1]之真，享民物和平之福。

福善不在杳冥[2]，即在食息起居处牖[3]其衷；祸淫不在幽渺，即在动静语默间夺其魄。可见人之精爽常通于天，于之威命即寓于人，天人岂相远哉！

1 浑噩：浑厚淳朴。

2 杳冥：遥远的地方。

3 牖（yǒu）：体会。

闲　适

昼闲人寂，听数声鸟语悠扬，不觉耳根尽彻；夜静天高，看一片云光舒卷，顿令眼界俱空。

世事如棋局，不着得才是高手；人生似瓦盆，打破了方见真空。

龙可豢[1]非真龙，虎可搏非真虎，故爵禄可饵荣进之辈，必不可笼淡然无欲之人；鼎镬[2]可及宠利之流，必不可加飘然

1 豢（huàn）：喂养。

2 鼎镬（huò）：古代统治阶级用来烹人的酷刑。

远引之士。

一场闲富贵，狠狠争来，虽得还是失；百岁好光阴，忙忙过了，纵寿亦为夭。

高车嫌地僻，不如鱼鸟解亲人。驷马[1]喜门高，怎似莺花能避俗。

红烛烧残，万念自然厌冷；黄粱梦破，一身亦似云浮。

千载奇逢，无如好书良友；一生清福，只在碗茗炉烟[2]。

蓬茅下诵诗读书，日日与圣贤晤语，谁云贫是病？樽罍[3]边幕天席地，时时共造化氤氲[4]，孰谓醉非禅？兴来醉倒落花前，天地即为衾枕。机息坐忘盘石上，古今尽属蜉蝣。

兴来醉倒落花前，天地即为衾枕；机息坐忘磐石上，古

1 驷马：古代显贵者的车。

2 碗茗炉烟：宁静闲适的生活。

3 樽（zūn）罍（léi）：古时的酒器。

4 氤（yīn）氲（yūn）：古时哲学术语。指阴阳二气交汇和合的样子。

花开花谢春不管，拂意事休对人言；
水暖水寒鱼自知，会心处还期独赏。

今尽属蜉蝣[1]。

昂藏[2]老鹤虽饥，饮啄犹闲，肯同鸡鹜[3]之营营[4]而竞食？偃蹇[5]寒松纵老，丰标自在，岂似桃李之灼灼而争妍！

吾人适志于花柳烂漫之处，得趣于笙歌腾沸之处，乃是造化之幻境，人心之荡念也。须从木落草枯之后，向声希味淡之中，觅得一些消息，才是乾坤的橐籥[6]，人物的根宗。

静处观人事，即伊、吕之勋庸，夷、齐之节义，无非大海浮沤；闲中玩物情，虽木石之偏枯，鹿豕之顽蠢，总是吾性真如。

花开花谢春不管，拂意事休对人言；水暖水寒鱼自知，会心处还期独赏。

---

1 蜉蝣：比喻微小的生命。

2 昂藏：仪表雄伟。

3 鹜：鸭子。

4 营营：来回奔跑的样子。

5 偃（yǎn）蹇（jiǎn）：弯曲。

6 橐（tuó）籥（yuè）：指本源。

闲观扑纸蝇[1]，笑痴人自生障碍；静观竞巢鹊，叹杰士空逞英雄。

看破有尽身躯，万境之尘缘自息；悟入无怀境界，一轮之心月独明。

木床石枕冷家风，拥衾时魂梦亦爽；麦饭豆羹淡滋味，放箸[2]处齿颊犹香。

谈纷华而厌者，或见纷华而喜；语淡泊而欣者，或处淡泊而厌。须扫除浓淡之见，灭却欣厌之情，才可以忘纷华而甘淡泊也。

鸟惊心，花溅泪，怀此热肝肠，如何领取得冷风月；山写照，水传神，识吾真面目，方可摆脱得幻乾坤。

富贵得一世宠荣，到死时反增了一个恋字，如负重担；贫贱得一世清苦，到死时反脱了一个厌字，如释重枷。人诚

1 扑纸蝇：扑向捕蝇纸的苍蝇。

2 箸（zhù）：筷子。

想念到此，当急回贪恋之首而猛舒愁苦之眉矣。

人之有生也，如太仓[1]之粒米，如灼目之电光，如悬崖之朽木，如逝海之一波。知此者如何不悲？如何不乐？如何看他不破而怀贪生之虑？如何看他不重而贻虚生之羞？

鹬蚌相持，兔犬共毙，冷觑[2]来令人猛气全消；鸥凫共浴，鹿豕同眠[3]，闲观去使我机心顿息。

迷则乐境成苦海，如水凝为冰；悟则苦海为乐境，犹冰涣作水。可见苦乐无二境，迷悟非两心，只在一转念间耳。

遍阅人情，始识疏狂之足贵；备尝世味，方知淡泊之为真。

地宽天高，尚觉鹏程[4]之窄小；云深松老，方知鹤梦之悠闲。

---

1 太仓：仓库。

2 冷觑：冷眼相看。

3 鸥凫共浴，鹿豕同眠：鸥与凫、鹿与豕虽不同类，但仍和谐共处。

4 鹏程：传说中的大鸟。

两个空拳握古今，握住了还当放手；一条竹杖挑风月，挑到时也要息肩。

阶下几点飞翠落红，收拾来无非诗料；窗前一片浮青映白，悟入处尽是禅机。

忽睹天际彩云，常疑好事皆虚事；再观山中闲木，方信闲人是福人。

东海水曾闻无定波，世事何须扼腕？北邙山未省留闲地，人生且自舒眉。

天地尚无停息，日月且有盈亏，况区区人世，能事事圆满而时时暇逸乎？只是向忙里偷闲，遇缺处知足，则操纵在我，作息自如，即造物不得与之论劳逸较亏盈矣！

霜天闻鹤唳，雪夜听鸡鸣，得乾坤清纯之气。晴空看鸟飞，活水观鱼戏，识宇宙活泼之机。

闲烹山茗听瓶声，炉内识阴阳之理；漫履楸枰[1]观局戏，

---

1 楸枰：楸木所制的棋盘。

手中悟生杀之机。

芳菲园林看蜂忙，觑破几般尘情世态；寂寞衡茅[1]观燕寝，引起一种冷趣幽思。

会心不在远，得趣不在多。盆池拳石间，便居然有万里山川之势，片言只语内，便宛然见万古圣贤之心，才是高士得眼界，达人得胸襟。

心与竹俱空，问是非何处安脚？貌偕松共瘦，知忧喜无由上眉。

趋炎[2]虽暖，暖后更觉寒威；食蔗能甘，甘余便生苦趣。何似养志于清修而炎凉不涉，栖心于淡泊而甘苦俱忘，其自得为更多也。

席拥飞花落絮，坐林中锦绣团裀[3]；炉烹白雪清冰，熬天上玲珑液髓。

---

1 衡茅：非常简陋的房屋。

2 趋炎：在火炉旁取暖。

3 团裀：圆形的坐垫。

逸态闲情，唯期自尚[1]，何事外修边幅；清标傲骨，不愿人怜，无劳多买胭脂。

天地景物，如山间之空翠，水上之涟漪，潭中之云影，草际之烟光，月下之花容，风中之柳态。若有若无，半真半幻，最足以悦人心目而豁人性灵。真天地间一妙境也。

乐意相关禽对语，生香不断树交花，此是无彼无此得真机。野色更无山隔断，天光常与水相连，此是彻上彻下得真境。吾人时时以此景象注之心目，何患心思不活泼，气象不宽平！

鹤唳、雪月、霜天，想见屈大夫醒时之激烈；鸥眠、春风、暖日，会知陶处士醉里之风流。

黄鸟情多，常向梦中呼醉客；白云意懒，偏来僻处媚幽人。

1 自尚：自我欣赏。

栖迟[1]蓬户，耳目虽拘而神情自旷；结纳山翁，仪文虽略而意念常真。

满室清风满几月，坐中物物见天心[2]；一溪流水一山云，行处时时观妙道。

炮凤烹龙[3]，放箸时与齑盐[4]无异；悬金佩玉，成灰处共瓦砾何殊。

扫地白云来，才着工夫便起障[5]。凿池明月入，能空境界自生明。

造化唤作小儿，切莫受渠[6]戏弄；天地丸为大块，须要任我炉锤。

想到白骨黄泉，壮士之肝肠自冷；坐老清溪碧嶂，俗流

1 栖迟：淹留，隐遁。

2 天心：本心。

3 炮凤烹龙：形容美味佳肴。

4 齑（jī）盐：咸菜。

5 障：烦恼。

6 渠：他。

之胸次亦闲。

夜眠八尺，日啖[1]二升，何须百般计较；书读五车，才分八斗，未闻一日清闲。

1 啖：食。

概 论

君子之心事，天青日白，不可使人不知；君子之才华，玉韫珠藏，不可使人易知。

耳中常闻逆耳之言，心中常有拂心之事，才是进德修行得砥石。若言言悦耳，事事快心，便把此生埋在鸩毒中矣。

疾风怒雨，禽鸟戚戚[1]；霁月光风，草木欣欣，可见天地不可一日无和气，人心不可一日无喜神。

1 戚戚：忧惧的样子。

酡肥辛甘[1]非真味，真味只是淡；神奇卓异非至人，至人只是常[2]。

夜深人静，独坐观心，始知妄穷而真独露，每于此中得大机趣；既觉真现而妄难逃，又于此中得大惭忸。

恩里[3]由来生害，故快意时须早回头；败后或反成功，故拂心处切莫放手。

藜口苋肠者[4]，多冰清玉洁；衮衣玉食者[5]，甘婢膝奴颜。盖志以淡泊明，而节从肥甘丧矣。

面前的田地[6]要放得宽，使人无不平之叹；身后的惠泽要流得长，使人有不匮之思。

---

1 酡肥辛甘：酡，酒味醇厚。肥，肉肥美。辛，指辛味的菜。甘，甜美。

2 常：普通。

3 恩里：恩惠，好处。

4 藜口苋肠者：指贫苦百姓。

5 衮衣玉食者：指达官贵人。

6 田地：心胸。

路径窄处，留一步与人行；滋味浓的，减三分让人食。此是涉世一极乐法。

作人无甚高远的事业，摆脱得俗情便入名流；为学无甚增益的工夫，减除得物累便臻[1]圣境。

宠利毋居人前，德业毋落人后，受享毋逾分外，修持毋减分中。

处世让一步为高，退步即进步的张本[2]；待人宽一分是福，利人实利己的根基。

盖世的功劳，当不得一个矜[3]字；弥天的罪过，当不得一个悔字。

完名美节，不宜独任，分些与人，可以远害全身；辱行污名，不宜全推，引些归己，可以韬光养德。

---

1 臻：达到。

2 张本：准备。

3 矜：自负。

宠利毋居人前，德业毋落人后，受享毋逾分外，修持毋减分中。

事事要留个有余不尽的意思，便造物不能忌我，鬼神不能损我。若业必求满，功必求盈者，不生内变，必招外忧。

家庭有个真佛，日用有种真道，人能诚心和气、愉色婉言，使父母兄弟间形体两释[1]，意气交流胜于调息观心万倍也。

攻人之恶毋太严，要思其堪受[2]；教人以善毋过高，当使其可从。

粪虫至秽变为蝉，而饮露于秋风；腐草无光化为萤，而耀采于夏月。故知洁常自污出，明每从暗生也。

矜高倨傲，无非客气[3]，降伏得客气下，而后正气伸；情欲意识，尽属妄心，消杀得妄心尽，而后真心现。

饱后思味，则浓淡之境都消；色后思淫，则男女之见尽绝。故人当以事后之悔，悟破临事之痴迷，则性定而动无不正。

---

1 形体两释：相互理解，相互支持。

2 堪受：能接受。

3 客气：指正气。

居轩冕[1]之中，不可无山林的气味；处林泉之下，须要怀廊庙的经纶。

处世不必邀功，无过便是功；与人不要感德，无怨便是德。

忧勤是美德，太苦则无以适性怡情；淡泊是高风，太枯则无以济人利物。

事穷势蹙[2]之人，当原其初心；功成行满之士，要观其末路。

富贵家宜宽厚，而反忌克[3]，是富贵而贫贱，其行如何能享？聪明人宜敛藏，而反炫耀，是聪明而愚懵，其病如何不败！

人情反覆，世路崎岖。行不去，须知退一步之法；行得去，务加让三分之功。

1 轩冕：指身居高位的达官贵人。

2 蹙（cù）：紧迫无路。

3 忌克：忌妒刻薄。

待小人不难于严，而难于不恶；待君子不难于恭，而难于有礼。

宁守浑噩[1]而黜[2]聪明，留些正气还天地；宁谢纷华而甘淡泊，遗个清名在乾坤。

降魔者先降其心，心伏则群魔退听；驭横者先驭其气，气平则外横不侵。

养弟子如养闺女，最要严出入，谨交游。若一接近匪人[3]，是清净田中下一不净的种子，便终身难植嘉苗矣。

欲路上事，毋乐其便而姑为染指，一染指便深入万仞；理路上事，毋惮其难而稍为退步，一退步便远隔千山。

念头浓者[4]自待厚，待人亦厚，处处皆厚；念头淡者自待薄，待人亦薄，事事皆薄。故君子居常嗜好，不可太浓艳，

1 浑噩：无知淳朴。

2 黜：反对。

3 匪人：行为不正的人。

4 念头浓者：有热情的人。

亦不宜太枯寂。

彼富我仁，彼爵我义，君子故不为君相[1]所牢笼；人定胜天，志一动气，君子亦不受造化之陶铸。

立身不高一步立，如尘里振衣[2]、泥中濯足[3]，如何超达？处世不退一步处，如飞蛾投烛、羝羊触藩[4]，如何安乐？

学者要收拾精神并归一处。如修德而留意于事功名誉，必无实诣；读书而寄兴于吟咏风雅，定不深心。

人人有个大慈悲，维摩屠刽无二心也；处处有种真趣味，金屋茅檐非两地也。只是欲闭情封，当面错过，便咫尺千里矣。

进德修行，要个木石的念头，若一有欣羡，便趋欲境；济世经邦，要段云水的趣味，若一有贪着，便堕危机。

---

1 君相：权势。

2 尘里振衣：抖衣去尘。

3 泥中濯（zhuó）足：在污泥里洗脚。

4 羝羊触藩：藩，篱笆。公羊角钩在篱笆上，进退两难。

肝受病则目不能视，肾受病则耳不能听。病受于人所不见，必发于人所共见。故君子欲无得罪于昭昭，先无得罪于冥冥。

福莫福于少事，祸莫祸于多心。唯少事者方知少事之为福；唯平心者始知多心之为祸。

处治世宜方，处乱世当圆，处叔季之世当方圆并用。待善人宜宽，待恶人当严，待庸众之人宜宽严互存。

我有功于人不可念，而过则不可不念；人有恩于我不可忘，而怨则不可不忘。

心地干净，方可读书学古。不然，见一善行，窃以济私；闻一善言，假以覆短。是又借寇兵而赍盗粮矣[1]。

奢者富而不足，何如俭者贫而有余。能者劳而俯怨，何如拙者逸而全真。

---

1 借寇兵而赍（jī）盗粮矣：借给敌人武器，送给强盗粮食。

读书不见圣贤，如铅椠佣[1]。居官不爱子民，如衣冠盗。讲学不尚躬行，如口头禅。立业不思种德，如眼前花。

人心有部真文章，都被残编断简封固了；有部真鼓吹[2]，都被妖歌艳舞湮没了。学者须扫除外物，直觅本来，才有个真受用。

苦心中常得悦心之趣，得意时便生失意之悲。

富贵名誉自道德来者，如山林中花，自是舒徐。繁衍自功业来者，如盆槛中花，便有迁徙废兴。若以权力得者，其根不植，其萎可立而待矣。

栖守道德者，寂寞一时；依阿权势者，凄凉万古。达人观物外之物，思身后之身，宁受一时之寂寞，毋取万古之凄凉。

春至时和，花尚铺一段好色，鸟且转几句好音。士君子幸列头角[3]，复遇温饱，不思立好言、行好事，虽是在世百年，

1 铅椠（qiàn）佣：古代的抄书工。

2 鼓吹：乐曲名。指高雅的音乐。

3 头角：杰出人物。

恰似未生一日。

学者有段兢业的心思，又要有段潇洒的趣味。若一味敛束清苦，是有秋杀[1]无春生，何以发育万物？

真廉无廉名，立名者正所以为贪；大巧无巧术，用术者乃所以为拙。

心体光明，暗室中有青天；念头暗昧，白日下有厉鬼。

人知名位为乐，不知无名无位之乐为最真；人知饥寒为忧，不知不饥不寒之忧为更甚。

为恶而畏人知，恶中犹有善路；为善而急人知，善处即是恶根。

天之机缄不测，抑而伸，伸而抑，皆是播弄[2]英雄，颠倒豪杰处。君子只是逆来顺受，居安思危，天亦无所用其伎俩矣。

---

1 杀：凋落。

2 播弄：执掌。

福不可邀，养喜神以为招福之本；祸不可避，去杀机以为远祸之方。

十语九中未必称奇，一语不中，则愆尤骈集[1]；十谋九成未必归功，一谋不成则訾议[2]丛兴。君子所以宁默毋躁，宁拙毋巧。

天地之气，暖则生，寒则杀。故性气清冷者，受享亦凉薄。唯气和暖心之人，其福亦厚，其泽亦长。

天理路上甚宽，稍游心[3]，胸中使觉广大宏朗；人欲路上甚窄，才寄迹[4]，眼前俱是荆棘泥途。

一苦一乐相磨练，练极而成福者，其福始久；一疑一信相参勘，勘极而成知者，其知始真。

地之秽者多生物，水之清者常无鱼，故君子当存含垢纳

---

1 愆尤骈集：各方面的过失一齐汇集。

2 訾（zǐ）议：诋毁的言语。

3 游心：注意，留心。

4 寄迹：寄托踪迹的意思。

污之量，不可持好洁独行之操。

泛驾之马[1]可就驰驱，跃冶之金[2]终归型范。只一优游不振，便终身无个进步。白沙云：为人多病未足羞，一生无病是吾忧。真确实论也。

人只一念贪私，便销刚为柔，塞智为昏，变恩为惨，染洁为污，坏了一生人品。故古人以不贪为宝，所以度越一世。

耳目见闻为外贼，情欲意识为内贼，只是主人公惺惺不昧[3]独坐中堂，贼便化为家人矣。

图未就之功，不如保已成之业；悔既往之失，亦要防将来之非。

气象要高旷，而不可疏狂。心思要缜缄，而不可琐屑。趣味要冲淡，而不可偏枯。操守要严明，而不可激烈。

---

1 泛驾之马：难以控制的马。

2 跃冶之金：比喻不愿就范的金属。

3 惺惺不昧：清醒不糊涂。

风来疏竹，风过而竹不留声；雁度寒潭，雁去而潭不留影。故君子事来而心始现，事去而心随空。

清能有容，仁能善断，明不伤察，直不过矫，是谓蜜饯不甜，海味不咸，才是懿德。

贫家净扫地，贫女净梳头。景色虽不艳丽，气度自是风雅。士君子当穷愁寥落，奈何辄自废弛哉！

闲中不放过，忙中有受用。静中不落空，动中有受用。暗中不欺隐，明中有受用。

念头起处，才觉向欲路上去，便挽从理路上来。一起便觉，一觉便转，此是转祸为福、起死回生的关头，切莫当面错过。

天薄我以福，吾厚吾德以迓[1]之；天劳我以形[2]，吾逸吾心以补之；天扼我以遇，吾亨吾道以通之。天且奈我何哉！

---

1 迓（yà）：迎。

2 劳我以形：使我的身体疲劳。

真士无心徼福，天即就无心处牖[1]其衷；险人着意避祸，天即就着意中夺其魄。可见天之机权[2]最神，人之智巧何益！

声妓晚景从良，一世之烟花无碍；贞妇白头失守，半生之清苦俱非。语云“看人只看后半截”，真名言也。

平民肯种德施惠，便是无位的卿相；仕夫徒贪权市宠[3]，竟成有爵的乞人。

问祖宗之德泽，吾身所享者，是当念其积累之难；问子孙之福祉，吾身所贻者，是要思其倾覆之易。

君子而诈善，无异小人之肆恶；君子而改节，不若小人之自新。

家人有过不宜暴扬，不宜轻弃。此事难言，借他事而隐讽[4]之。今日不悟，俟来日正警之。如春风之解冻，和气之消

1 牖：通“诱”，引导。

2 机权：灵活变化。

3 贪权市宠：贪恋权位，争夺受宠。

4 隐讽：托词婉转相劝。

冰，才是家庭的型范。

此心常看的圆满，天下自无缺陷之世界；此心常放的宽平，天下自无险侧[1]之人情。

淡薄之士，必为浓艳者所疑；检饬[2]之人，多为放肆者所忌。君子处此固不可少变其操履，亦不可太露其锋芒。

居逆境中，周身皆针砭药石，砥节砺行而不觉；处顺境内，满前尽兵刃戈矛，销膏靡骨[3]而不知。

生长富贵丛中的嗜欲如猛火，权势似烈焰。若不带些清冷气味，其火焰不至焚人，必将自焚。

人心一真，便霜可飞，城可陨，金石可贯。若伪妄之人，形骸徒具，真宰已亡。对人则面目可憎，独居则形影自愧。

文章做到极处，无有他奇，只是恰好；人品做到极处，

1 险侧：邪恶不正。

2 检饬：谨言慎行。

3 销膏靡骨：销熔脂肪，糜烂骨头。

无有他异，只是本然。

以幻迹言，无论功名富贵，即肢体亦属委形；以真境言，无论父母兄弟，即万物皆吾一体。人能看的破，认的真，才可以任天下之负担，亦可脱世间之缰锁。

爽口之味，皆烂肠腐骨之药，五分便无殃；快心之事，悉败身散德之媒，五分便无悔。

不责人小过，不发人阴私，不念人旧恶，三者可以养德，亦可以远害。

天地有万古，此身不再得；人生只百年，此日最易过。幸生其间者，不可不知有生之乐，亦不可不怀虚生之忧。

老来疾病，都是壮时招得；衰时罪业，都是盛时作得。故持盈履满[1]，君子尤兢兢[2]焉。

---

1 持盈履满：保守鼎盛时期的成业。

2 兢兢：小心谨慎。

惊奇喜异者，终无远大之识；苦节独行者，要有恒久之操。

市私恩[1]不如扶公议，结新知不如敦旧好，立荣名不如种阴德，尚奇节不如谨庸行。

公平正论不可犯手[2]，一犯手则贻羞万世；权门私窦不可着脚，一着脚则玷污终身。

曲意[3]而使人喜，不若直节而使人忌；无善而致人誉，不如无恶而致人毁。

处父兄骨肉之变，宜从容，不宜激烈；遇朋友交游之失，宜剀切[4]，不宜优游[5]。

小处不渗漏，暗处不欺隐，末路不怠荒，才是真正英雄。

惊奇喜异者，终无远大之识；苦节独行者，要有恒久之操。

---

1 市私恩：以小恩小惠的手段来收买人心。

2 犯手：违犯。

3 曲意：委屈自己的意愿来奉承别人。

4 剀（kǎi）切：恳切地规劝。

5 优游：犹豫不决。

当怒火欲水正腾沸时，明明知得，又明明犯着。知得是谁，犯着又是谁。此处能猛然转念，邪魔便为真君子矣。

毋偏信而为奸所欺，毋自任而为气所使，毋以己之长而形人之短，毋因己之拙而忌人之能。

人之短处，要曲为弥缝[1]，如暴而扬之，是以短攻短；人有顽的，要善为化诲，如忿而嫉之，是以顽济顽。

遇沉沉不语之士，且莫输心[2]；见悻悻[3]自好之人，应须防口。

念头昏散处，要知提醒；念头吃紧时，要知放下。不然恐去昏昏之病，又来憧憧[4]之扰矣。

霁日青天，倏变为迅雷震电；疾风怒雨，倏转为朗月晴

1 弥缝：弥补缝合。

2 输心：交真心。

3 悻悻：气量狭小。

4 憧憧：疑惑不定的样子。

空。气机[1]何尝一毫凝滞，太虚[2]何尝一毫障蔽，人之心体亦当如是。

胜私制欲之功，有曰识不早、力不易者，有曰识得破、忍不过者。盖识是一颗照魔的明珠，力是一把斩魔的慧剑，两不可少也。

横逆困穷，是煅炼豪杰的一副炉锤：能受其煅炼者，则身心交益；不受其煅炼者，则身心交损。

害人之心不可有，防人之心不可无，此戒疏于虑者。宁受人之欺，毋逆人之诈[3]，此警伤于察者。二语并存，精明浑厚矣。

毋因群疑而阻独见，毋任己意而废人言，毋私小惠而伤大体，毋借公论以快私情。

善人未能急亲，不宜预扬，恐来谗谮之奸；恶人未能轻

1 气机：构成万物的本质。

2 太虚：天空。

3 逆人之诈：指事先猜疑别人存心欺诈。

去，不宜先发，恐招媒孽[1]之祸。

青天白日的节义，自暗室屋漏中培来；旋乾转坤的经纶，从临深履薄中操出。

父慈子孝，兄友弟恭，纵做到极处，俱是合当如是，着不得一毫感激的念头。如施者任德[2]，受者怀恩，便是路人，便成市道矣。

炎凉之态，富贵更甚于贫贱；妒忌之心，骨肉尤狠于外人。此处若不当以冷肠，御以平气，鲜不日坐烦恼障中矣。

功过不宜少混，混则人怀惰隳[3]之心；恩仇不可太明，明则人起携贰之志。

恶忌阴[4]，善忌阳[5]，故恶之显者祸浅，而隐者祸深。善之显

1 媒孽：诬陷。

2 任德：需要报恩。

3 惰隳（huī）：懈怠。

4 阴：隐藏。

5 阳：显露。

者功小，而隐者功大。

德者才之主，才者德之奴。有才无德，如家无主而奴用事矣，几何[1]不魍魉[2]猖狂。

锄奸杜倖，要放他一条去路。若使之一无所容，便如塞鼠穴者，一切去路都塞尽，则一切好物都咬破矣。

士君子贫不能济物者，遇人痴迷处，出一言提醒之，遇人急难处，出一言解救之，亦是无量功德矣。

处己者[3]触事皆成药石，尤人者[4]动念即是戈矛，一以辟众善之路，一以浚诸恶之源，相去霄壤矣。

事业文章随身销毁，而精神万古如新；功名富贵逐世转移，而气节千载一时。群信不以彼易此也。

---

1 几何：有多少。

2 魍魉：各种各样的坏人。

3 处己者：会与自己相处的人。

4 尤人者：怨天尤人的人。

鱼网之设，鸿[1]则罹其中；螳螂之贪，雀又乘其后。机里藏机，变外生变，智巧何足恃哉。

作人无一点真恳的念头，便成个花子[2]，事事皆虚；涉世无一段圆活的机趣，便是个木人，处处有碍。

有一念而犯鬼神之禁，一言而伤天地之和，一事而让子孙之祸者，最宜切戒。

事有急之不白[3]者，宽之或自明，毋躁急以速其忿；人有切之不从者，纵之或自化，毋操切以益其顽。

节义傲青云，文章高白雪，若不以德性陶镕之，终为血气之私[4]，技能之末。

谢事[5]当谢于正盛之时，居身宜居于独后之地，谨德须谨

1 鸿：虾蟆。

2 花子：花朵。

3 白：明白。

4 血气之私：因私情而产生的一时冲动。

5 谢事：辞官归隐。

于至微之事，施恩务施于不报之人。

德者，事业之基，未有基不固而栋宇坚久者；心者，修裔之根，未有根不植而枝叶荣茂者。

道是一件公众的物事，当随人而接引；学是一个寻常的家饭，当随事而警惕。

念头宽厚的，如春风煦育[1]，万物遭之而生；念头忌克的，如朔雪阴凝，万物遭之而死。

勤者，敏于德义，而世人借勤以济其贪；俭者，淡于货利，而世人假俭以饰其吝。君子持身之符，反为小人营私之具矣，惜哉！

人之过误宜恕，而在己则不可恕；己之困辱宜忍，而在人则不可忍。

恩宜自淡而浓，先浓后淡者人忘其惠；威宜自严而宽，

1 煦育：抚育；养育。

先宽后严者人怨其酷。

士君子处权门要路，操履要严明，心气要和易。毋少随而近腥膻之党，亦毋过激而犯蜂虿[1]之毒。

遇欺诈的人，以诚心感动之；遇暴戾的人，以和气熏蒸之；遇倾邪私曲[2]的人，以名义气节激励之。天下无不入我陶镕中矣。

一念慈祥，可以酝酿两间[3]和气；寸心洁白，可以昭垂百代清芬。

阴谋怪习，异行奇能，俱是涉世的祸胎。只一个庸德庸行，便可以完混沌而招和平。

语云：登山耐险路，踏雪耐危桥。一“耐”字极有意味。如倾险之人情、坎坷之世道，若不得一耐字撑持过去，几何不堕入榛莽坑堑哉！

---

1 蜂虿（chài）：蜂和蝎。指恶毒的人。

2 倾邪私曲：心术不正的人。

3 两间：天和地之间。

夸逞功业，炫耀文章，皆是靠外物做人。不知心体莹然，本来不失；即无寸功只字，亦自有堂堂正正做人处。

不昧己心，不拂人情，不竭物力，三者可以为天地立心，为生民立命，为子孙造福。

居官有二语曰：唯公则生明，唯廉则生威。居家有二语曰：唯恕则平情，唯俭则足用。

处富贵之地，要知贫贱的痛痒；当少壮之时，须念衰老的辛酸。

持身不可太皎洁，一切污辱垢秽要茹纳的；与人不可太分明，一切善恶贤愚要包容的。

休与小人仇雠，小人自有对头；休向君子谄媚，君子原无私惠。

磨砺当如百炼之金，急就者非邃养[1]；施为宜似千钧之

1 邃养：精深的修养。

弩，轻发者无宏功。

建功立业者，多虚圆之士；偾事[1]失机者，必执拗之人。

俭，美德也，过则为悭吝、为鄙啬，反伤雅道；让，懿行也，过则为足恭、为曲礼，多出机心。

毋忧拂意，毋喜快心，毋恃久安，毋惮初难。

饮宴之乐多，不是个好人家。声华之习胜，不是个好士子。名位之念重，不是个好臣工。

仁人心地宽舒，便福厚而庆长[2]，事事成个宽舒气象；鄙夫念头迫促，便禄薄而泽短，事事成个迫促规模。

用人不宜刻，刻则思效者去；交友不宜滥，滥则贡谀者来。

大人[3]不可不畏，畏大人则无放逸之心；小民亦不可不畏，

---

1 偾（fèn）事：败事。

2 庆长：幸福圆满。

3 大人：古代位居高位的人。

畏小民则无豪横之名。

事稍拂逆，便思不如我的人，则怨尤自消；心稍怠荒，便思胜似我的人，则精神自奋。

不可乘喜而轻诺，不可因醉而生瞋，不可乘快而多事，不可因倦而鲜终。

钓水，逸事也，尚持生杀之柄；弈棋，清戏也，且动战争之心。可见喜事不如省事之为适，多能不如无能之全真。

听静夜之钟声，唤醒梦中之梦；观澄潭之月影，窥见身外之身。

鸟语虫声，总是传心之诀；花英草色，无非见道之文。学者要天机清彻，胸次玲珑，触物皆有会心处。

人解读有字书，不解读无字书；知弹有弦琴，不知弹无弦琴。以迹用不以神用，何以得琴书佳趣？

山河大地已属微尘，而况尘中之尘；血肉身躯且归泡影，而况影外之影；非上上智，无了了[1]心。

石火光中，争长竞短，几何光阴？蜗牛角上，较雌论雄，许大世界？

有浮云富贵之风，而不必岩栖穴处；无膏肓泉石之癖，而常自醉酒耽诗。竞逐听人，而不嫌尽醉；恬淡适己，而不夸独醒。此释氏所谓不为法缠、不为空缠、身心两自在者。

延促由于一念，宽窄系之寸心。故机闲者一日遥于千古，意宽者斗室广于两间[2]。

都来眼前事，知足者仙境，不知足者凡境；总出世上因，善用者生机，不善用者杀机。

趋炎附势之祸，甚惨亦甚速；栖恬守逸之味，最淡亦最长。

色欲火炽，而一念及病时，便兴似寒灰；名利饴甘，而

1 了了：聪明伶俐，明白事理。

2 两间：天地之间。

一想到死地，便味如嚼蜡。故人常忧死虑病，亦可消幻业而长道心。

争先的径路窄，退后一步自宽平一步；浓艳的滋味短，清淡一分自悠长一分。

隐逸林中无荣辱，道义路上泯炎凉。进步处便思退步，庶免触藩[1]之祸。着手时光图放手，才脱骑虎之危。

贪得者，分金恨不得玉，封公怨不授侯，权豪自甘乞丐；知足者，藜羹[2]旨于膏粱[3]，布袍暖于狐貉，编民[4]不让王公。

矜名不如逃名趣，练事何如省事闲。孤云出岫[5]，去留一无所系；朗镜悬空，静躁两不相干。

山林是胜地，一营恋便成市朝；书画是雅事，一贪痴

1 触藩之祸：比喻进退两难。

2 藜羹：粗劣的食物。

3 膏粱：肥美的食物。

4 编民：编入户籍的平民。

5 岫：山穴。

便成商贾。盖心无染著，俗境是仙都；心有丝牵，乐境成悲地。

时当喧杂，则平日所记忆者皆漫然忘去；境在清宁，则夙昔所遗忘者又恍尔现前。可见静躁稍分，昏明顿异也。

芦花被下卧雪眠云，保全得一窝夜气；竹叶杯中吟风弄月，躲离了万丈红尘。

出世之道，即在涉世中，不必绝人以逃世；了心之功，即在尽心内，不必绝欲以灰心。

此身常放在闲处，荣辱得失，谁能差遣我？此心常安在静中，是非利害，谁能瞒昧我？

我不希荣，何忧乎利禄之香饵；我不竞进，何畏乎仕宦之危机？

多藏厚亡，故知富不如贫之无虑；高步疾颠，故知贵不如贱之常安。

世人只缘认得“我”字太真，故多种种嗜好、种种烦恼。前人云：不复知有我，安知物为贵。又云：“知身不是我，烦恼更何侵？”真破的之言也。

人情世态，倏忽万端，不宜认得太真。尧夫云：昔日所云我，今朝却是伊；不知今日我，又属后来谁？人常作是观，便可解却胸中罥[1]矣。

有一乐境界，就有一不乐的相对待；有一好光景，就有一不好的相乘除。只是寻常家饭、素位风光，才是个安乐窝巢。

知成之必败，则求成之心不必太坚；知生之必死，则保生之道不必过劳。

眼看西晋之荆榛，犹矜白刃；身属北邙之狐兔，尚惜黄金。语云：猛兽易伏，人心难降。溪壑易填，人心难满。信哉！

心地上无风涛，随在皆青山绿树；性天中有化育，触处都鱼跃鸢飞。

---

1 罥（juàn）：缠绕。

宠辱不惊，闲看庭前花开花落；去留无意，漫随天外云卷云舒。

狐眠败砌，兔走荒台，尽是当年歌舞之地；露冷黄花，烟迷衰草，悉属旧时争战之场。盛衰何常，强弱安在？念此令人心灰。

宠辱不惊，闲看庭前花开花落；去留无意，漫随天外云卷云舒。

晴空朗月，何天不可翱翔，而飞蛾独投夜烛；清泉绿竹，何物不可饮啄，而鸱鸮[1]偏嗜腐鼠。噫！世之不为飞蛾鸱鸮者，几何人哉！

权贵龙骧，英雄虎战，以冷眼视之，如蝇聚膻、如蚁竞血；是非蜂起，得失猬兴，以冷情当之，如冶化金，如汤消雪。

真空不空，执相非真，破相亦非真。问世情如何发付？在世出世，徇欲是苦，绝欲亦是苦，听吾侪善自修持。

烈士让千乘，贪夫争一文，人品星渊也，而好名不殊好利；

1 鸱（chī）鸮（xiāo）：猫头鹰一类的鸟。

天子营家国，乞人号饔飧[1]，位分霄壤[2]也，而焦思何异焦声。

性天澄彻，即饥餐渴饮，无非康济身心；心地沉迷，纵演偈谈禅，总是播弄精魄。

人心有真境，非丝非竹而自恬愉，不烟不茗而自清芬。须念净境空，虑忘形释，才得以游衍其中。

天地中万物，人伦中万情，世界中万事，以俗眼观，纷纷各异，以道眼观，种种是常，何须分别，何须取舍。

缠脱只在自心，心了则屠肆糟糠，居然净土。不然，纵一琴一鹤、一花一竹，嗜好虽清，魔障终在。语云：能休尘境为真境，未了僧家是俗家。

以我转物者得，固不喜失亦不忧，大地尽属逍遥；以物役我者逆，固生憎顺亦生爱，一毫便生缠缚。

试思未生之前有何象貌，又思既死之后有何景色，则万

1 饔（yōng）飧（sūn）：饮食。

2 霄壤：相距甚远。

念灰冷，一性寂然，自可超物外而游象先[1]。

优人傅粉调硃，效妍丑于毫端。俄而歌残场罢，妍丑何存？弈者争先竞后，较雌雄于着手。俄[2]而局尽子收，雌雄安在？

把握未定，宜绝迹尘嚣，使此心不见可欲而不乱，以澄吾静体；操持既坚，又当混迹风尘，使此心见可欲而亦不乱，以养吾圆机。

喜寂厌喧者，往往避人以求静。不知意在无人，便成我相，心着于静，便是动根。如何到得人我一空、动静两忘的境界！

人生祸区福境，皆念想造成。故释氏云：利欲炽然，即是火坑。贪爱沉溺，便为苦海。一念清净，烈焰成池。一念惊觉，航登彼岸。念头稍异，境界顿殊。可不慎哉！

绳锯材断，水滴石穿，学道者须要努索；水到渠成，瓜

1 象先：象帝之先，显像于上帝产生之先。

2 俄：突然间。

熟蒂落，得道者一任天机。

就一身了一身者，方能以万物付万物；还天下于天下者，方能出世间于世间。

人生原是傀儡，只要把柄在手，一线不乱，卷舒自由，行止在我，一毫不受他人捉掇[1]，便超此场中矣。

为鼠常留饭，怜蛾不点灯。古人此点念头，是吾一点生生之机，无此即所谓土木形骸而已。

世态有炎凉，而我无嗔喜；世味有浓淡，而我无欣厌。一毫不落世情窠臼[2]，便是一在世出世法也。

1 捉掇：控制。

2 窠臼：老套子，现成格式。

围炉夜话｜清　王永彬

本书为清代王永彬所著。王永彬（1792—1869），字宜山，室名一经堂，湖北枝江人，一生经历了乾隆、嘉庆、道光、咸丰、同治五个时期。王永彬自幼好学，勤于著述，其所著《历代帝统年表》《先正格言集句》《朱子治家格言》《六书辨略》《音义辨略》《禊帖集字楹联》《孝经衬解》《围炉夜话》，合称《桥西山馆杂著八种》。其《围炉夜话》以“安身立业”为总话题，分别从道德、修身、读书、安贫乐道、教子、忠孝、勤俭等十个方面，揭示了“立德、立功、立言”皆以“立业”为本的深刻含义。读此书如在一个寒冷的冬日拥着火炉，与至交亲友畅谈人生的情境，娓娓道来，使人倍感亲切自然。本书以1935年上海明善书局本为底本整理。

序

寒夜围炉，田家妇子之乐也。顾篝灯坐对，或默默然无一言，或嘻嘻然言非所宜言，皆无所谓乐，不将虚此良夜乎？余识字农人也，岁晚务闲，家人聚处，相与烧煨山芋，心有所得，辄述诸口，命儿辈缮写存之，题曰《围炉夜话》。但其中皆随得随录，语无伦次，且意浅辞芜，多非信心之论，特以课家人消永夜耳，不足为外人道也。倘蒙有道君子惠而正之，则幸甚。

咸丰甲寅二月既望　王永彬书于桥西馆之一经堂

教子弟于幼时，便当有正大光明气象；检身心于平日，不可无忧勤惕厉[1]工夫。

与朋友交游，须将他好处留心学来，方能受益；对圣贤言语，必要我平时照样行去，才算读书。

贫无可奈唯求俭，拙亦何妨只要勤。

稳当[2]话，却是平常话，所以听稳当话者不多；本分人，即是快活人，无奈做本分人者甚少。

处事要代人作想，读书须切己用功。

1 惕厉：指心存戒惧。

2 稳当：牢靠妥当。

一“信”字是立身之本，所以人不可无也；一“恕”字是接物之要，所以终身可行也。

人皆欲会说话，苏秦[1]乃因会说而杀身；人皆欲多积财，石崇[2]乃因多积财而丧命。

教小儿宜严，严气足以平躁气；待小人宜敬，敬心可以化邪心。

善谋生者，但[3]令长幼内外，勤修恒业，而不必富其家；善处事者，但就是非可否审定章程，而不必利于己。

名利之不宜得者竟得之，福终为祸；困穷之最难耐者能耐之，苦定回甘。生资[4]之高在忠信，非关机巧[5]；学业之美在德行，不仅文章。

1 苏秦：战国时期纵横家，颇有口才。初说秦惠王吞并天下，不纳，后说六国合纵抗秦，终至齐国为客卿，与齐大夫争宠，被处死。

2 石崇：晋朝著名富豪。曾积攒钱财无数，奢靡成风，后来八王之乱，在永康元年以贾后党羽免官，被人借故杀死。

3 但：只要。

4 生资：资质。

5 机巧：投机取巧。

一“信”字是立身之本，所以人不可无也；
一“恕”字是接物之要，所以终身可行也。

风俗日趋于奢淫，靡所底止[1]，安得有敦[2]古朴之君子，力挽江河；人心日丧其廉耻，渐至消亡，安得有讲名节之大人[3]，光争日月。

人心统耳目官骸，而于百体[4]为君，必随处见神明之宰；人面合眉眼鼻口，以成一字曰苦（两眉为草，眼横鼻直而下承口，乃苦字也），知终身无安逸之时。

伍子胥[5]报父兄之仇而郢都灭，申包胥[6]救君上之难而楚国存，可知人心足恃[7]也；秦始皇灭东周之岁而刘季[8]生，梁武帝灭南齐之年而侯景降[9]，可知天道好还也。

---

1 靡所底止：没有终尽。

2 敦：敦厚。

3 大人：品德高尚的人。

4 百体：人体所有器官。

5 伍子胥：春秋时楚国人。因父兄被楚平王杀害，投奔吴国，灭楚雪恨。

6 申包胥：春秋时楚国大夫。昔日好友伍子胥以吴国军力攻打楚国为父兄报仇，而申在楚国遇难时，哭于秦廷七个昼夜求秦国出兵救楚，打败吴军，为楚复国。

7 恃：依赖、依靠。

8 刘季：刘邦。

9 降：此处指去世。

有才必韬藏[1]，如浑金璞玉，暗然而日章[2]也；为学无间断，如流水行云，日进而不已也。

积善之家，必有余庆；积不善之家，必有余殃。可知积善以遗子孙，其谋甚远也。贤而多财，则损其志[3]；愚昧而多财，则益[4]其过。可知积财以遗子孙，其害无穷也。

每见待子弟严厉者易至成德，姑息者多有败行，则父兄之教育所系[5]也。又见有子弟聪颖者忽入下流[6]，庸愚者较为上达，则父兄之培植所关也。人品之不高，总为一“利”字看不破；学业之不进，总为一“懒”字丢不开。德足以感人，而以有德当大权，其感[7]尤速;财足以累己，而以有财处乱世，其累尤深。

读书无论资性高低，但能勤学好问，凡事思一个所以然，

1 韬藏：深藏。

2 章：彰显。

3 志：志向。

4 益：增长。

5 系：关系。

6 下流：品行败坏。

7 感：感化。

自有义理贯通之日；立身不嫌家世贫贱，但能忠厚老成，所行无一毫苟且处，便为乡党仰望之人。

孔子何以恶乡愿[1]，只为他似忠似廉，无非假面孔；孔子何以弃鄙夫[2]，只因他患得患失，尽是俗人心肠。

打算精明，自谓得计，然败祖父之家声者，必此人也；朴实浑厚，初无甚奇，然培子孙之元气[3]者，必此人也。

心能辨是非，处事方能决断；人不忘廉耻，立身自不卑污。

忠有愚忠，孝有愚孝，可知“忠孝”二字，不是伶俐人[4]做得来；仁有假仁，义有假义，可知仁义两行，不无奸恶人藏其内。

权势之徒，虽至亲亦作威福，岂知烟云过眼，已立见其消亡；奸邪之辈，即平地亦起风波，岂知神鬼有灵，不肯听

1 乡愿：貌似谨厚，实际是伪善。

2 鄙夫：鄙陋浅薄的人。

3 元气：人的精神。

4 伶俐人：聪明的人。

其颠倒[1]。

自家富贵，不着意里，人家富贵，不着眼里，此是何等胸襟；古人忠孝，不离心头，今人忠孝，不离口头，此是何等志量。

王者不令人放生，而无故却不杀生，则物命可惜[2]也；圣人不责人无过，唯多方诱之改过，庶人[3]心可回也。

大丈夫处事，论是非，不论祸福；士君子立言，贵平正，尤贵精详[4]。

存科名之心者，未必有琴书之乐；讲性命学者，不可无经济[5]之才。

泼妇之啼哭怒骂，伎俩要亦无多，唯静而镇之，则自止

1 颠倒：颠倒是非。
2 可惜：应该爱惜。
3 庶人：百姓。
4 精详：精细周详。
5 经济：经世济民。

矣。谗人之簸弄挑唆，情形虽若甚迫，苟淡然置之，是自消矣。

肯救人坑坎中，便是活菩萨；能脱身牢笼外，便是大英雄。

气性乖张[1]，多是夭亡[2]之子；语言深刻，终为薄福之人。

志不可不高，志不高，则同流合污，无足有为矣；心不可太大，心太大，则舍近图远，难期有成矣。

贫贱非辱，贫贱而谄求于人为辱；富贵非荣，富贵而利济于世为荣。讲大经纶，只是实实落落；有真学问，决不怪怪奇奇。

古人比父子为桥梓[3]，比兄弟为花萼[4]，比朋友为芝兰，敦伦[5]者，当即物穷理也；今人称诸生曰秀才，称贡生曰明经，

---

1 乖张：形容人偏执、怪癖。

2 夭亡：未成年而死。

3 桥梓：又作“乔梓”。乔，即乔木，是一种高大挺拔的木本植物。梓，一种相对矮小的落叶乔木。此处“桥梓”比喻父子关系。

4 花萼：是一朵花中所有萼片的总称，包在花瓣外面。

5 敦伦：指敦睦人伦。

称举人曰孝廉，为士者，当顾名思义也。

父兄有善行，子弟学之或不肖[1]；父兄有恶行，子弟学之则无不肖；可知父兄教子弟，必正其身以率之，无庸徒事言词也。君子有过行，小人嫉之不能容；君子无过行，小人嫉之亦不能容；可知君子处小人，必平其气以待之，不可稍形激切也。

守身不敢妄为，恐贻羞于父母；创业还需深虑，恐贻害于子孙。

无论作何等人，总不可有势利气；无论习何等业，总不可有粗浮心。

知道自家[2]是何等身份[3]，则不敢虚骄矣；想到他日是那样下场，则可以发愤矣。

1 不肖：不像。

2 自家：自己。

3 身份：一个人的能力和素质。

常人突遭祸患，可决其再兴，心动于警励也。大家[1]渐及消亡，难期其复振，势成于因循也。

天地无穷期[2]，生命则有穷期，去一日便少一日;富贵有定数，学问则无定数，求一分便得一分。

处事有何定凭，但求此心过得去；立业无论大小，总要此身做得来。

气性不和平，则文章事功[3]俱无足取；语言多矫饰，则人品心术尽属可疑。

误用聪明，何若一生守拙；滥交朋友，不如终日读书。

看书须放开眼孔，做人要立定脚跟。

严近乎矜，然严是正气，矜是乖气[4]，故持身贵严，而不

1 大家：指大户人家。

2 穷期：终尽的日子。

3 文章事功：学问和事业的成就。

4 乖气：不正之气。

可矜。谦似乎谄，然谦是虚心，谄是媚心，故处世贵谦，而不可谄。

财不患其不得，患财得而不能善用其财；禄不患其不来，患禄来而不能无愧其禄。

交朋友增体面，不如交朋友益身心；教子弟求显荣，不如教子弟立品行。

君子存心，但凭忠信，而妇孺皆敬之如神，所以君子落得为君子；小人处世，尽设机关[1]，而乡党皆避之若鬼，所以小人枉做了小人。

求个良心管我，留些余地处人。

一言足以召大祸，故古人守口如瓶，唯恐其覆坠也；一行足以玷终身，故古人饬躬若璧[2]，唯恐有瑕疵也。

---

1 机关：心机计谋。

2 饬躬若璧：把自身修养得像玉一般完美无瑕。

颜子之不较[1]，孟子之自反，是贤人处横逆之方；子贡之无谄[2]，原思[3]之坐弦[4]，是贤人守贫穷之法。

观朱霞，悟其明丽；观白云，悟其卷舒；观山岳，悟其灵奇；观河海，悟其浩瀚；则俯仰间皆文章也。对绿竹，得其虚心；对黄华[5]，得其晚节；对松柏，得其本性；对芝兰，得其幽芳；则游览处皆师友也。

行善济人，人遂得以安全，即在我亦为快意；逞奸谋事，事难必其隐便，可惜他徒自坏心。

不镜于水[6]，而镜于人，则吉凶可鉴也；不蹶[7]于山，而蹶于垤[8]，则细微宜防也。

---

1 较：计较。

2 谄：谄媚。

3 原思：春秋时鲁国人，孔子的弟子。

4 坐弦：安坐弹琴。

5 黄华：菊花。

6 镜于水：用水当镜子。

7 蹶：跌倒。

8 垤（dié）：小土丘。

凡事谨守规模[1]，必不大错；一生但足衣食，便称小康。

十分不耐烦，乃为人之大病；一味学吃亏，是处事之良方。

习读书之业，便当知读书之乐；存为善之心，不必邀[2]为善之名。

知往日所行之非，则学日进矣；见世人可取者多，则德日进矣。

敬他人，即是敬自己；靠自己，胜于靠他人。

见人善行，多方赞成；见人过举，多方提醒，此长者待人之道也。闻人誉言，加意[3]奋勉；闻人谤语，加意警惕，此君子修己之功也。

奢侈足以败家，悭吝[4]亦足以败家。奢侈之败家，犹出常

1 规模：规矩。

2 邀：求取。

3 加意：特别注意。

4 悭（qiān）吝：吝啬，小气。

情；而悭吝之败家，必遭奇祸。庸愚足以覆事[1]；精明亦足以覆事。庸愚之覆事，犹为小咎；而精明之覆事，必是大凶。

种田人，改习尘市[2]生涯，定为败路；读书人，干与衙门词讼[3]，便入下流[4]。

常思某人境界不及我，某人命运不及我，则可以自足矣；常思某人德业胜于我，某人学问胜于我，则可以自惭矣。

读《论语》公子荆一章，富者可以为法[5]；读《论语》齐景公一章，贫者可以自兴。舍不得钱，不能为义士；舍不得命，不能为忠臣。

富贵易生祸端，必忠厚谦恭，才无大患；衣禄[6]原有定数，必节俭简省，乃可久延。

---

1 覆事：断送事业。

2 尘市：城市。这里指商业。

3 词讼：诉讼事务。

4 下流：微贱的地位。

5 法：标准。

6 衣禄：衣食奉禄。

作善降祥，不善降殃，可见尘世之间已分天堂地狱；人同此心，心同此理，可知庸愚之辈不隔圣域贤关[1]。

和平处事，勿矫俗为高；正直居心，勿设机[2]以为智。

君子以名教为乐，岂如嵇阮之逾闲[3]；圣人以悲悯为心，不取沮溺[4]之忘世。

纵子孙偷安，其后必至耽酒色而败门庭；教子孙谋利，其后必至争赀财[5]而伤骨肉。

谨守父兄教诲，沉实谦恭，便是醇潜[6]子弟；不改祖宗成法，忠厚勤俭，定为悠久人家。

莲朝开而暮合，至不能合，则将落矣，富贵而无收敛意者，尚其鉴之。草春荣而冬枯，至于极枯，则又生矣，困穷

---

1 圣域贤关：圣人的境界。

2 设机：使用心机。

3 嵇（jī）阮之逾闲：三国时，蔑视礼教的嵇康、阮籍走出法度之外。

4 沮溺：泛指隐士。

5 赀（zī）财：钱财。

6 醇（chún）潜：淳厚而深沉。

而有振兴志者，亦如是也。

伐字从戈，矜字从矛，自伐[1]自矜者，可为大戒；仁字从人，义字从我，讲仁讲义者，不必远求。

家纵贫寒，也须留读书种子；人虽富贵，不可忘稼穑[2]艰辛。

俭可养廉，觉茅舍竹篱，自饶清趣；静能生悟，即鸟啼花落，都是化机[3]。一生快活皆庸福，万种艰辛出伟人。

济世虽乏赀财，而存心方便[4]，即称长者；生资虽少智慧，而虑事精详，即是能人。

一室闲居，必常怀振卓心，才有生气；同人聚处，须多说切直话[5]，方见古风[6]。

1 自伐：自我夸奖。

2 稼（jià）穑（sè）：种植和收割。

3 化机：造化的奥秘。

4 方便：便利别人。

5 直话：正直恳切的话。

6 古风：古代贤人的风范。

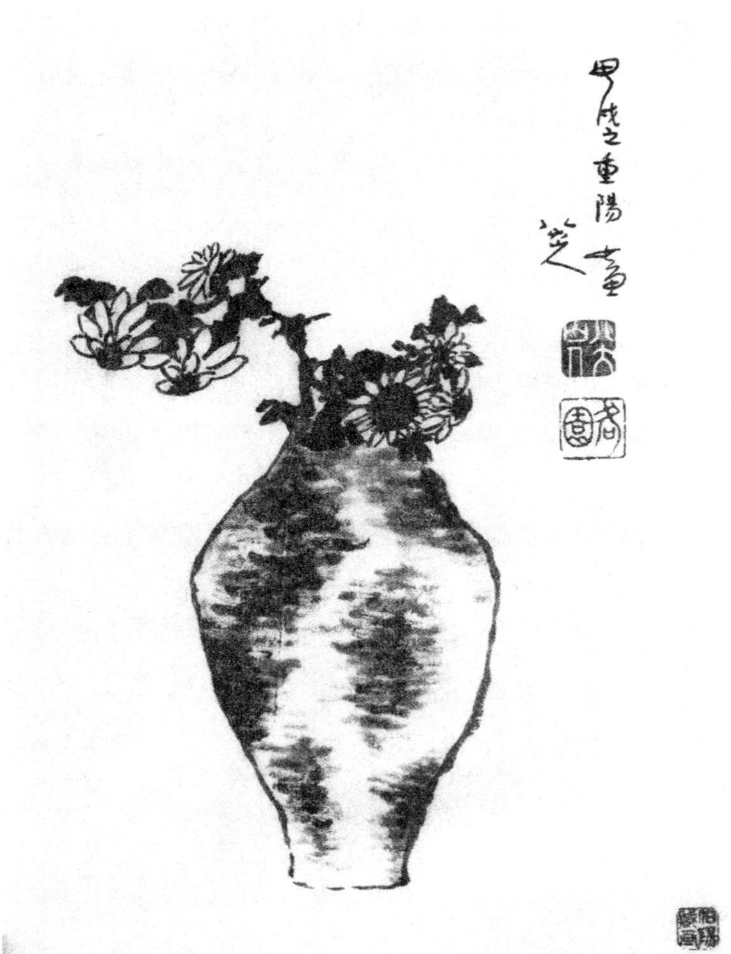

无执滞心，才是通方士；有做作气，便非本色人。

观周公[1]之不骄不吝，有才何可自矜[2]；观颜子[3]之若无若虚，为学岂容自足。门户之衰，总由于子孙之骄惰；风俗之坏，多起于富贵之奢淫。

孝子忠臣，是天地正气所钟，鬼神亦为之呵护；圣经贤传，乃古今命脉所系，人物悉赖以裁成[4]。

饱暖人所共羡。然使享一生饱暖，而气昏志惰，岂足有为？饥寒人所不甘。然必带几分饥寒，则神紧骨坚，乃能任事。

愁烦中具潇洒襟怀，满抱皆春风和气；暗昧处见光明世界，此心即白日青天。

势利人装腔做调，都只在体面[5]上铺张，可知其百为皆假；虚浮人指东画西，全不向身心内打算，定卜其一事无成。

---

1 周公：周文王第四子，西周杰出的政治家、军事家和思想家，被尊为儒学奠基人。

2 自矜：自夸。

3 颜子：颜回，孔子的徒弟。

4 裁成：造就。

5 体面：面子。

不忮[1]不求，可想见光明境界；勿忘勿助[2]，是形容涵养功夫。

数虽有定[3]，而君子但求其理，理既得，数亦难违；变固宜防，而君子但守其常，常无失，变亦能御。

和为祥气，骄为衰气，相人者[4]不难以一望而知；善是吉星，恶是凶星，推命者[5]岂必因五行而定？

人生不可安闲，有恒业，才足收放心；日用必须简省，杜奢端[6]，即以昭俭德。

成大事功，全仗着秤心斗胆；有真气节，才算得铁面铜头。

但责己，不责人，此远怨之道也；但信己，不信人，此

1 忮（zhì）：嫉妒。

2 助：助长。

3 定：定数。

4 相人者：给人看相测命的人。

5 推命者：给人推算命运的人。

6 杜奢端：杜绝奢侈的苗头。

取败之由也。

无执滞[1]心，才是通方士；有做作气，便非本色人。

耳目口鼻，皆无知识之辈，全靠其心作主人；身体发肤，总有毁坏之时，要留个名称后世。

有生资，不加学力[2]，气质究难化也；慎大德，不矜细行，形迹终可疑也。

世风之狡诈多端，到底忠厚人颠扑不破[3]；末俗[4]以繁华相尚，终觉冷淡处趣味弥长。

能结交直道朋友，其人必有令名[5]；肯亲近耆德老成[6]，其家必多善事。

---

1 执滞：固执。

2 学力：学习的功夫。

3 颠扑不破：不会被推翻驳倒。

4 末俗：末世的衰败习俗。

5 令名：美好的名声。

6 耆（qí）德老成：德高望重的老人。耆，指六十岁以上的老人。

为乡邻解纷争，使得和好如初，即化人之事也；为世俗谈因果，使知报应不爽[1]，亦劝善之方也。

发达虽命定，亦由肯做功夫；福寿虽天生，还是多积阴德。

常存仁孝心，则天下凡不可为者皆不忍为，所以孝居百行之先；一起邪淫念，则生平极不欲为者皆不难为，所以淫是万恶之首。

自奉[2]必减几分方好，处世能退一步为高。

守分安贫，何等清闲，而好事者偏自寻烦恼；持盈保泰[3]，总须忍让，而恃强者乃自取灭亡。

人生境遇无常，须自谋取吃饭之本领；人生光阴易逝，要早定成器之日期。

---

1 不爽：没有什么差错。

2 自奉：自己的日常花费。

3 持盈保泰：处于极盛之时，谦逊谨慎以保平安。

川[1]学海而至海，故谋道者不可有止心；莠[2]非苗而似苗，故穷理者不可无真见。

守身必谨严，凡足以戕[3]吾身者宜戒之；养心须淡泊，凡足以累吾心者勿为也。

人之足传，在有德，不在有位；世所相信，在能行，不在能言。

与其使乡党有誉言，不如令乡党无怨言；与其为子孙谋产业，不如教子孙习恒业。

多记先正[4]格言，胸中方有主宰；闲看他人行事，眼前即是规箴。

陶侃运甓官斋[5]，其精勤可企而及也；谢安围棋别墅，其镇

1 川：河流。

2 莠（yǒu）：草名。

3 戕（qiāng）：伤害。

4 先正：指前代的贤人。

5 陶侃运甓（pì）官斋：晋时陶侃任广州刺史后，为了鞭策自己，每天早晨搬运一百块砖到自己的官署外，晚上又把它们搬回来。甓，砖。

定非学而能也。

但患我不肯济人，休患我不能济人；须使人不忍欺我，勿使人不敢欺我。

何谓享福之人？能读书者便是；何谓创家之人？能教子者便是。

子弟天性未漓[1]，教易行也，则体[2]孔子之言以劳之，勿溺爱以长其自肆之心。子弟习气已坏，教难行也，则守孟子之言以养之，勿轻弃以绝其自新之路。

忠实而无才，尚可立功，心志专一也；忠实而无识，必至偾事[3]，意见多偏也。

人虽无艰难之时，却不可忘艰难之境；世虽有侥幸之事，断不可存侥幸之心。

---

1 漓：浅薄。

2 体：领悟，体会。

3 偾（fèn）事：败事。

心静则明，水止乃能照物；品超斯远[1]，云飞而不碍空。

清贫乃读书人顺境，节俭即种田人丰年。

正而过则迂，直而过则拙，故迂拙之人犹不失为正直；高或入于虚，华或入于浮，而虚浮之士究难指为高华[2]。

人知佛老[3]为异端，不知凡背乎经常[4]者皆异端也；人知杨墨[5]为邪说，不知凡涉于虚诞者皆邪说也。

图功未晚，亡羊尚可补牢；浮慕无成，羡鱼何如结网[6]。

道本足于身，切实求来，则常若不足矣；境难足[7]于心，尽行放下，则未有不足矣。

---

1 品超斯远：品德高尚，志向高远。

2 高华：清高多才。

3 佛老：佛教和老子的学说。

4 经常：常理。

5 杨墨：以杨朱和墨翟为代表的学说。

6 羡鱼何如结网：比喻只是空想，不如脚踏实地地去做。

7 足：满足。

读书不下苦功，妄想显荣，岂有此理？为人全无好处，欲邀福庆[1]，从何得来？

才觉己有不是，便决意改图，此立志为君子也；明知人议其非，偏肆行无忌，此甘心做小人也。

淡中[2]交耐久，静里寿延长。

凡遇事物突来，必熟思审处，恐贻后悔；不幸家庭衅[3]起，须忍让曲全，勿失旧欢。

聪明勿使外散，古人有纩[4]以塞耳，旒[5]以蔽目者矣；耕读何妨兼营，古人有出而负耒[6]，入而横经者矣。

身不饥寒，天未曾负我；学无长进，我何以对天。

---

1 福庆：福气喜庆。

2 淡中：平淡之中。

3 衅：纠纷。

4 纩（kuàng）：指棉絮。

5 旒（liú）：古代人冠冕前后悬垂的玉串。

6 耒（lěi）：古代的一种翻土农具。

不与人争得失，唯求己有知能[1]。

为人循矩度[2]，而不见精神，则登场之傀儡也；做事守章程，而不知权变，则依样之葫芦也。

文章是山水化境，富贵乃烟云幻形。

郭林宗[3]为人伦之鉴，多在细微处留心；王彦方[4]化乡里之风，是从德义中立脚。

天下无憨人，岂可妄行欺诈；世上皆苦人，何能独享安闲。

甘受人欺，定非懦弱；自谓予智[5]，终是糊涂。

漫夸富贵显荣，功德文章要可传诸后世；任教[6]声名煊赫，

1 知能：智慧才干。

2 矩度：规矩法度。

3 郭林宗：名郭泰，字林宗。博学有德，善于鉴察人伦道德，人称“有道先生”。

4 王彦方：名烈，字彦方，东汉太原人。因品德高尚称著乡里。

5 予智：聪明绝顶。

6 任教：无论。

人品心术不能瞒过史官。

神传于目，而目则有胞[1]，闭之可以养神也；祸出于口，而口则有辱，阖之可以防祸也。

富家惯习骄奢，最难教子；寒士欲谋生活，还是读书。

人犯一苟[2]字，便不能振；人犯一俗字，便不可医。

有不可及之志，必有不可及之功；有不忍言之心，必有不忍言之祸。

事当难处之时，只让退一步，便容易处矣；功到将成之候，若放松一着，便不能成矣。

无财非贫，无学乃为贫；无位非贱，无耻乃为贱；无年[3]非夭，无述[4]乃为夭；无子非孤，无德乃为孤。

---

1 胞：指上下眼皮。

2 苟：随便，苟且。

3 年：长寿。

4 无述：没有值得记述的。

知过能改，便是圣人之徒；恶恶[1]太严，终为君子之病。

士必以诗书为性命[2]，人须从孝悌立根基。

德泽太薄，家有好事，未必是好事，得意者何可自矜？天道最公，人能苦心，断不负苦心，为善者须当自信。

把自己太看高了，便不能长进；把自己太看低了，便不能振兴。

古之有为之士，皆不轻为之士，乡党好事之人，必非晓事之人。

偶缘为善受累[3]，遂无意为善，是因噎废食也；明识有过当规[4]，却讳言[5]有过，是讳疾忌医也。

1 恶（wù）恶（è）：憎恶坏人坏事。
2 性命：安身立命的根本。
3 累：牵累。
4 规：改正。
5 讳言：隐瞒。

宾入幕中[1]，皆沥胆披肝之士；客登座上，无焦头烂额之人。

地无余利，人无余力，是种田两句要言；心不外驰，气不久浮，是读书两句真诀。

成就人才，即是栽培子弟；暴殄天物，自应折磨儿孙。

和气迎人，平情应物。抗心希古[2]，藏器[3]待时。

矮板凳，且坐着；好光阴，莫错过。

天地生人，都有一个良心；苟[4]丧此良心，则其去禽兽不远矣。圣贤教人，总是一条正路；若舍此正路，则常行荆棘之中矣。

世之言乐者，但曰读书乐，田家乐。可知务本业[5]者，其

---

1 宾入幕中：进入幕府参与议事的人。比喻可以信任的人。

2 抗心希古：心志高亢，仰慕古人。

3 藏器：器，器物。指隐藏才华。

4 苟：如果。

5 务本业：专心从事自己的职业。

境常安。古之言忧者，必曰天下忧，廊庙忧。可知当大任者，其心良苦。

天虽好生，亦难救求死之人；人能造福，即可邀悔祸之天。

薄族[1]者，必无好儿孙；薄师者，必无佳子弟，吾所见亦多矣。恃力者，忽逢真敌手；恃势者，忽逢大对头，人所料不及也。

为学不外“静”“敬”二字，教人先去“骄”“惰”二字。

人得一知己，须对知己而无惭；士既多读书，必求读书而有用。

以直道教人，人即不从，而自反无愧，切勿曲以求荣也；以诚心待人，人或不谅，而历久自明，不必急于求白[2]也。

粗粝[3]能甘，必是有为之士；纷华不染，方称杰出之人。

---

1 薄族：刻薄地对待族人。

2 白：辩解。

3 粗粝：粗粮。形容艰苦的生活。

矮板凳，且坐着；好光阴，莫错过。

性情执拗之人，不可与谋事也；机趣[1]流通之士，始可与言文也。

不必于世事件件皆能，唯求与古人心心相印。

夙夜所为，得无抱惭于衾影[2]；光阴已逝，尚期收效于桑榆。

念祖考[3]创家基，不知栉风沐雨[4]，受多少苦辛，才能足食足衣，以贻后世；为子孙计长久，除却读书耕田，恐别无生活，总期克勤克俭，毋负先人。

但作里中[5]不可少之人，便为于世有济；必使身后有可传之事，方为此生不虚。

齐家先修身，言行不可不慎；读书在明理，识见不可不高。

---

1 机趣：风趣。

2 无抱惭于衾（qīn）影：衾影，被子。没有丧德败坏的事。

3 祖考：先祖。

4 栉（zhì）风沐雨：形容人经常在外面不顾风雨地辛苦奔波。

5 里中：乡里。

桃实之肉暴于外，不自吝惜，人得取而食之；食之而种其核，犹饶生气焉，此可见积善者有余庆也。栗实之内秘于肉，深自防护，人乃破而食之；食之而弃其壳，绝无生理矣，此可知多藏者必厚亡[1]也。

求备[2]之心，可用之以修身，不可用之以接物；知足之心，可用之以处境[3]，不可用之以读书。

有守虽无所展布[4]，而其节不挠，故与有猷[5]有为而并重；立言即未经起行，而于人有益，故与立功立德而并传。

遇老成人，便肯殷殷求教，则向善必笃[6]也；听切实话，觉得津津有味，则进德可期也。

有真性情，须有真涵养；有大识见，乃有大文章。

---

1 厚亡：损失很大。

2 求备：追求完美。

3 处境：处于外界环境，待人接物。

4 展布：指施展。

5 猷（yóu）：道义，法则。

6 笃（dǔ）：真诚，坚定。

为善之端无尽，只讲一“让”字，便人人可行；立身之道何穷，只得一“敬”字，便事事皆整[1]。

自己所行之是非，尚不能知，安望知人？古人以往之得失，且不必论，但须论己。

治术必本儒术者，念念[2]皆仁厚也；今人不及古人者，事事皆虚浮也。

莫之大祸，起于须臾之不忍，不可不谨。

家之长幼，皆倚赖于我，我亦尝体其情[3]否也？士之衣食，皆取资于人，人亦曾受其益否也？

富不肯读书，贵不肯积德，错过可惜也；少不肯事长，愚不肯亲贤，不祥莫大焉。

---

1 整：井然有序。

2 念念：每一个念头。

3 情：内心的感情。

自虞廷[1]立五伦为教，然后天下有大经；自紫阳集四子成书[2]，然后天下有正学。

意趣清高，利禄不能动也；志量远大，富贵不能淫也。

最不幸者，为势家女作翁姑[3]；最难处者，为富家儿作师友。

钱能福人，亦能祸人，有钱者不可不知；药能生人，亦能杀人，用药者不可不慎。

凡事勿徒委于人，必身体力行，方能有济；凡事不可执于己，必集思广益，乃罔[4]后艰。

耕读固是良谋，必工课无荒，乃能成其业；仕宦虽称贵显，若官箴[5]有玷[6]，亦未见其荣。

1 虞廷：虞舜之世。

2 紫阳集四子成书：指南宋理学大家朱熹集注《论语》《孟子》《大学》《中庸》四书而集成《四书集注》。

3 翁姑：公婆。

4 罔：没有。

5 官箴（zhēn）：指对官吏的劝诫。

6 玷（diàn）：指过失、缺点。

儒者多文为富，其文非时文[1]也；君子疾名不称，其名非科名也。

“博学笃志，切问近思”，此八字是收放心的功夫；“神闲气静，智深勇沉”，此八字是干大事的本领。

何者为益友？凡事肯规[2]我之过者是也；何者为小人？凡事必徇己之私者是也。

待人宜宽，唯待子孙不可宽；行礼宜厚，唯行嫁娶不必厚。

事但观其已然，便可知其未然；人必尽其当然，乃可听其自然。

观规模之大小，可以知事业之高卑；察德泽之浅深，可以知门祚[3]之久暂。

义之中有利，而尚义之君子，初非计及于利也；利之中

1 时文：科举应试之文。

2 规：规劝。

3 门祚（zuò）：家世的福运。

有害，而趋利之小人，并不顾其为害也。

小心谨慎者，必善其后，畅则无咎[1]也；高自位置者，难保其终，亢则有悔也。

耕所以养生，读所以明道，此耕读之本原也，而后世乃假以谋富贵矣。衣取其蔽体，食取其充饥，此衣食之实用也，而时人乃藉以逞豪奢矣。

人皆欲贵也，请问一官到手，怎样施行？人皆欲富也，且问万贯缠腰，如何布置？

文、行、忠、信，孔子立教之目也，今唯教以文而已；志道、据德、依仁、游艺，孔门为学之序也，今但学其艺而已。

隐微之衍[2]，即干[3]宪典，所以君子怀刑也；技艺之末[4]，无益

1 畅则无咎：通达而没有过失。
2 衍：错误。
3 干：违反。
4 末：末流。

身心，所以君子务本也。

士既知学，还恐学而无恒；人不患[1]贫，只要贫而有志。

用功于内者，必于外无所求；饰美于外者，必其中无所有。

盛衰之机，虽关气运[2]，而有心者必贵[3]诸人谋；性命之理，固极精微，而讲学者必求其实用。

鲁[4]如曾子[5]，于道独得其传，可知资性不足限人也；贫如颜子，其乐不因以改，可知境遇不足困人也。

敦厚之人，始可托大事，故安[6]刘氏者，必绛侯[7]也；谨慎之人，方能成大功，故兴汉室者，必武侯也。

---

1 患：担心。

2 气运：命运。

3 贵：重视。

4 鲁：迟钝，愚拙。

5 曾子：春秋时鲁国人，孔子的弟子。

6 安：安定。

7 绛侯：指西汉开国功臣周勃。

以汉高祖之英明，知吕后必杀戚姬，而不能救止[1]，盖其祸已成也；以陶朱公之智计，知长男必杀仲子，而不能保全，殆其罪难宥[2]乎？

处世以忠厚人为法，传家得勤俭意便佳。

紫阳补《大学·格致》之章，恐人误入虚无，而必使之即物穷理，所以维正教也；阳明取孟子良知之说，恐人徒事记诵，而必使之反己省心，所以救末流也。

人称我善良则喜，称我凶恶则怒，此可见凶恶非美名也，即当立志为善良；我见人醇谨[3]则爱，见人浮躁则恶，此可见浮躁非佳士也，何不反身为醇谨？

处事宜宽平，而不可有松散之弊；持身贵严厉，而不可有激切[4]之形。

---

1 救止：解救阻止。

2 宥（yòu）：宽恕。

3 醇谨：醇厚，谨慎。

4 激切：激烈。

天有风雨，人以宫室蔽之；地有山川，人以舟车通之。是人能补天地之阙[1]也，而可无为乎？人有性理，天以五常[2]赋之；人有形质，地以六谷养之。是天地且厚人之生也，而可自薄乎？

人之生也直，人苟欲生，必全其直；贫者士之常，士不安贫，乃反其常。进食需箸[3]，而箸亦只悉随其操纵所使，于此可悟用人之方；作书需笔；而笔不能必其字画之工，于此可悟求己之理。

家之富厚者，积田产以遗子孙，子孙未必能保；不如广积阴功，使天眷其德，或可少延。家之贫穷者，谋奔走以给衣食，衣食未必能充；何若自谋本业，知民生在勤，定当有济。

言不可尽信，必揆[4]诸理；事未可遽[5]行，必问诸心。

---

1 阙：过失。

2 五常：即仁、义、礼、智、信。

3 箸：筷子。

4 揆（kuí）：揣度。

5 遽（jù）：赶快。

兄弟相师友，天伦之乐莫大焉；闺门[1]若朝廷，家法之严可知也。

友以成德[2]也，人而无友，则孤陋寡闻，德不能成矣；学以愈愚也，人而不学，则昏昧无知，愚不能愈矣。

明犯国法，罪累岂能幸逃？白得人财，赔偿还要加倍。

浪子回头，仍不惭为君子；贵人失足[3]，便贻笑于庸人。

饮食男女，人之大欲存焉，然人欲既胜，天理或亡。故有道之士，必使饮食有节，男女有别。

东坡《志林》有云:“人生耐贫贱易，耐富贵难；安勤苦易，安闲散难；忍疼易，忍痒难；能耐富贵、安闲散、忍痒者，必有道之士也。”余谓如此精爽之论，足以发人深省，正可于朋友聚会时，述之以助清谈。

1 闺门：家门。

2 成德：成就学业。

3 失足：因不慎而堕落、失节或误入歧途。

余最爱《草庐日录》有句云:“淡如秋水贫中味，和若春风静后功。”读之觉矜平躁释[1]，意味深长。

敌加于己，不得已而应之，谓之应兵，兵应者胜；利人土地[2]，谓之贪兵，兵贪者败，此魏相论兵语也。然岂独用兵为然哉？凡人事之成败，皆当作如是观。

凡人世险奇之事，决不可为，或为之而幸获其利，特[3]偶然耳，不可视为常然也。可以为常者，必其平淡无奇，如耕田读书之类是也。

忧先于事故能无忧，事至而忧无救于事，此唐史李绛语也。其警人之意深矣，可书以揭诸座右[4]。

1 矜平躁释：自负孤傲之心得以平静。

2 利人土地：贪图占有别人的土地。

3 特：只是。

4 揭诸座右：题在座位的右边，指座右铭。

尧、舜[1]大圣，而生朱、均[2]；瞽、鲧[3]至愚，而生舜、禹[4]；揆以余庆余殃之理，似觉难凭。然尧、舜之圣，初未尝因朱、均而灭；瞽、鲧之愚，亦不能因舜、禹而掩[5]，所以人贵自立也。

程子教人以静，朱子教人以敬，静者心不妄动之谓也，敬者心常惺惺[6]之谓也。又况静能延寿，敬则日强，为学之功在是，养生之道亦在是，静敬之益人大矣哉，学者可不务乎？

卜筮[7]以龟筮为重，故必龟从筮从乃可言吉。若二者有一不从，或二者俱不从，则宜其有凶无吉矣。乃《洪范》稽疑之篇，则于龟从筮逆者，仍曰作内吉。从龟筮共逆于人者，仍曰用静吉。是知吉凶在人，圣人之垂戒深矣。人诚能作内

1 尧、舜：都是父系社会后期部落联盟的领袖。

2 朱、均：分别是尧和舜的儿子。皆荒淫傲慢，不够贤能。

3 瞽（gǔ）、鲧（gǔn）：瞽，舜的父亲瞽叟。鲧，禹的父亲，传说因治水无功被杀。

4 禹：传说是夏后氏部落的首领，与尧舜齐名的圣贤帝王。

5 掩：掩盖。

6 惺惺：清醒。

7 卜筮（shì）：古时占卜。

而不作外，用静而不用作，循分守常，斯亦安往而不吉哉！

每见勤苦之人绝无痨疾[1]，显达之士多出寒门，此亦盈虚消长之机，自然之理也。

欲利己，便是害己；肯下人[2]，终能上人。

古之克孝[3]者多矣，独称虞舜为大孝，盖能为其难也；古之有才者众矣，独称周公为美才，盖能本于德也。

不能缩头者，且休缩头；可以放手者，便须放手。

居易俟[4]命，见危授命，言命者，总不外顺受其正[5]；木讷近仁，巧令鲜仁，求仁者，即可知从入之方。

见小利，不能立大功；存私心，不能谋公事。

---

1 痨（láo）疾：结核病。

2 下人：居人之下。

3 克孝：能尽孝道。

4 俟（sì）：等待。

5 顺受其正：顺天理正道而行，接受的便是正命。

处世以忠厚人为法，传家得勤俭意便佳。

处世以忠厚人为法，传家得勤俭意便佳。

正己为率人之本，守成念创业之艰。

在世无过百年，总要作好人、存好心，留个后代榜样；谋生各有恒业，哪得管闲事，说闲话，荒[1]我正经工夫。

1 荒：荒废。

中国人的处世绝学 贰

小窗幽记

〔明〕陈继儒 著

八大山人 绘 舒雨 注

北京日报出版社

目录

小窗幽记

卷一 · 集醒 /3
卷二 · 集情 /37
卷三 · 集峭 /54
卷四 · 集灵 /70
卷五 · 集素 /98
卷六 · 集景 /132
卷七 · 集韵 /151
卷八 · 集奇 /169
卷九 · 集绮 /180
卷十 · 集豪 /195
卷十一 · 集法 /211
卷十二 · 集倩 /229
附录 /253

小窗幽记｜明　陈继儒

本书一说是明人陈继儒所著，另一说本书名为《醉古堂剑扫》，明代陆绍珩编撰。陈继儒（1558—1639），字仲醇，号眉公，又号麋公，松江华亭人。早年为诸生，后隐居昆山之阳，后筑室东佘山，杜门著述。工诗能文，书法苏米，兼能绘事，名重一时。今存著，除《小窗幽记》外，尚有《见闻录》《六合同春》《陈眉公诗余》《虎荟》《眉公杂著》等。陆绍珩（约1624年前后在世），号湘客，明末松陵人。相传为唐代诗人陆龟蒙之后。其平生不好名利，寄情山水，颇有才华。全书分为十二卷，始于“醒”，终于“倩”，虽混迹尘中，却高视物外；其格言玲珑剔透，短小精美，促人警省，益人心智。本书以1935年中央书店“国学珍本文库”本为底本整理。

卷一·集醒

食中山之酒，一醉千日。今之昏昏逐逐，无一日不醉。趋名者醉于朝，趋利者醉于野，豪者醉于声色车马，安得一服清凉散，人人解醒。集醒第一。

倚才高而玩世，背后须防射影之虫[1]；饰厚貌以欺人，面前恐有照胆之镜[2]。

怪小人之颠倒豪杰，不知惯颠倒方为小人；惜吾辈之受世折磨，不知唯折磨乃见吾辈。

花繁柳密处，拨得开，才是手段；风狂雨急时，立得定，方见脚根。

淡泊之守，须从秾艳场中试来；镇定之操，还向纷纭境上勘过。

市恩不如报德之为厚，要誉不如逃名之为适，矫情不如直节之为真。

使人有面前之誉，不若使人无背后之毁；使人有乍交之欢，不若使人无久处之厌。

---

1 射影之虫：古代传说有一种叫蜮的虫，居水中含沙射人，人中则生疮，中影亦病，引指以阴谋害人者。

2 照胆之镜：古代传说秦朝咸阳宫内有方镜，能照人五脏。

攻人之恶毋太严，要思其堪受；教人以善莫过高，当原其可从。

不近人情，举世皆畏途；不察物情，一生俱梦境。

遇嘿嘿不语之士，切莫输心；见悻悻自好之徒，应须防口。结缨整冠之态[1]，勿以施之焦头烂额之时；绳趋尺步之规[2]，勿以用之救死扶危之日。

议事者身在事外，宜悉利害之情；任事者身居事中，当忘利害之虑。

俭，美德也，过则为悭吝，为鄙啬，反伤雅道；让，懿行也，过则为足恭，为曲谨，多出机心。

藏巧于拙，用晦而明；寓清于浊，以屈为伸。

彼无望德，此无示恩，穷交所以能长；望不胜奢，欲不

1 结缨整冠之态：从容的样子。缨，帽子上的带子；冠，帽子。

2 绳趋尺步之规：古时士人走路要讲究一定的规则、标准。

胜餍[1]，利交所以必忤。

怨因德彰，故使人德我，不若德怨之两忘；仇因恩立，故使人知恩，不若恩仇之俱泯。

天薄我福，吾厚吾德以迓之；天劳我形，吾逸吾心以补之；天厄我遇，吾亨吾道以通之。

淡泊之士，必为秾艳者所疑；检饬之人，必为放肆者所忌。事穷势蹙[2]之人，当原其初心；功成行满之士，要观其末路。好丑心太明，则物不契；贤愚心太明，则人不亲。须是内精明，而外浑厚，使好丑两得其平，贤愚共受其益，才是生成的德量。

好辩以招尤，不若讱默[3]以怡性；广交以延誉，不若索居[4]以自全；厚费以多营[5]，不若省事以守俭；逞能以受妒，不

1 欲不胜餍（yàn）：欲望得不到满足。

2 蹙（cù）：急迫、紧迫。

3 讱（rèn）默：少说话或者不开口。

4 索居：独居。

5 营：谋求。

不近人情，举世皆畏途；不察物情，一生俱梦境。

若韬精以示拙。费千金而结纳贤豪，孰若倾半瓢之粟以济饥饿；构千楹[1]而招徕宾客，孰若葺[2]数椽之茅以庇孤寒。

恩不论多寡，当厄的壶浆[3]，得死力之酬；怨不在浅深，伤心的杯羹[4]，召亡国之祸。

仕途虽赫奕[5]，常思林下的风味，则权势之念自轻；世途虽纷华，常思泉下的光景，则利欲之心自淡。

居盈满者，如水之将溢未溢，切忌再加一滴；处危急者，如木之将折未折，切忌再加一搦[6]。

了心自了事，犹根拔而草不生；逃世不逃名，似膻存而蚋[7]还集。

---

1 楹：房屋。

2 葺（qì）：指修理房屋。

3 当厄的壶浆：给人度过困厄的一壶浆饭。

4 伤心的杯羹：使人伤心的一杯肉羹。

5 赫奕：形容光辉盛大。

6 搦（nuò）：捏，握。

7 蚋（ruì）：一种类似蚊子的小虫。

情最难久，故多情人必至寡情；性自有常，故任性人终不失性。

才子安心草舍者，足登玉堂；佳人适意蓬门者，堪贮金屋。喜传语者，不可与语；好议事者，不可图事。

甘人[1]之语，多不论其是非；激人之语，多不顾其利害。

真廉无廉名，立名者，所以为贪；大巧无巧术，用术者，所以为拙。

为恶而畏人知，恶中犹有善念；为善而急人知，善处即是恶根。

谭山林之乐者，未必真得山林之趣；厌名利之谭者，未必尽忘名利之情。

从冷视热，然后知热处之奔驰无益；从冗[2]入闲，然后觉

1 甘人：阿谀奉承的人。

2 冗：繁忙。

闲中之滋味最长。

贫士肯济人，才是性天中惠泽；闹场能笃[1]学，方为心地上工夫。

伏久者，飞必高；开先者，谢独早。

贪得者，身富而心贫；知足者，身贫而心富；居高者，形逸而神劳；处下者，形劳而神逸。

局量宽大，即住三家村里，光景不拘；智识卑微，纵居五都市中，神情亦促。

惜寸阴者，乃有凌铄[2]千古之志；怜微才者，乃有驰驱豪杰之心。

天欲祸人，必先以微福骄之，要看他会受；天欲福人，必先以微祸儆之，要看他会救。

1 笃：一心一意。

2 凌铄：形容气势迅速猛烈。

书画受俗子品题，三生浩劫；鼎彝[1]与市人赏鉴，千古异冤。脱颖之才，处囊而后见；绝尘之足，历块以方知。

结想奢华，则所见转多冷淡；冥心清素，则所涉都厌尘氛。多情者，不可与定妍媸[2]；多谊者，不可与定取与。多气者，不可与定雌雄；多兴者，不可与定去住。

世人破绽处，多从周旋处见；指摘处，多从爱护处见；艰难处，多从贪恋处见。

凡情留不尽之意，则味深；凡兴留不尽之意，则趣多。

待富贵人，不难有礼，而难有体；待贫贱人，不难有恩，而难有礼。

山栖是胜事，稍一萦恋，则亦市朝；书画赏鉴是雅事，稍一贪痴，则亦商贾；诗酒是乐事，稍一徇人[3]，则亦地狱；好客是豁达事，稍一为俗子所挠，则亦苦海。

---

1 鼎彝：古代祭器，上面多刻着表彰有功人物的文字。

2 妍媸：美与丑。

3 徇人：依从他人。

多读两句书，少说一句话；读得两行书，说得几句话。

看中人[1]，在大处不走作[2]，看豪杰，在小处不渗漏。

留七分正经以度生；留三分痴呆以防死。

轻财足以聚人，律己足以服人，量宽足以得人，身先足以率人。

从极迷处识迷，则到处醒；将难放怀一放，则万境宽。

大事难事，看担当；逆境顺境，看襟度；临喜临怒，看涵养，群行群止，看识见。

安详是处事第一法，谦退是保身第一法，涵容是处人第一法，洒脱是养心第一法。

处事最当熟思缓处。熟思则得其情，缓处则得其当。

1 中人：常人。

2 走作：生事，起衅。

必能忍人不能忍之触忤，斯能为人不能为之事功。

轻与必滥取，易信必易疑。

积丘山之善，尚未为君子；贪丝毫之利，便陷于小人。

智者不与命斗，不与法斗，不与理斗，不与势斗。

良心在夜气清明之候，真情在箪食豆羹之间。故以我索人，不如使人自反；以我攻人，不如使人自露。

“侠”之一字，昔以之加意气，今以之加挥霍，只在气魄气骨之分。

不耕而食，不织而衣，摇唇鼓舌[1]，妄生自非，故知无事人好生事。

才人经世，能人取世，晓人逢世，名人垂世，高人玩世，达人出世。

1 摇唇鼓舌：形容耍弄嘴皮子进行挑拨煽动。

宁为随世之庸愚，无为欺世之豪杰。

沾泥带水之累，病根在一“恋”字；随方逐圆之妙，便宜在一“耐”字。

天下无不好谀之人，故谄之术不穷；世间尽善毁之辈，故谗之路难塞。

进善言，受善言，如两来船，则相接耳。

清福上帝所吝，而习忙可以销福；清名上帝所忌，而得谤可以销名。

造谤者甚忙，受谤者甚闲。

蒲柳[1]之姿，望秋而零；松柏之质，经霜弥茂。

人之嗜名节，嗜文章，嗜游侠，如好酒然。易动客气，当以德性消之。

---

1 蒲柳：水杨，是秋天很早就凋零的树木。

好谈闺阃[1]及好讥讽者，必为鬼神所怒，非有奇祸，必有奇穷。

神人之言微，圣人之言简，贤人之言明，众人之言多，小人之言妄。

士君子不能陶镕[2]人，毕竟[3]学问中工力未到。

有一言而伤天地之和，一事而折终身之福者，切须检点。

能受善言，如市人求利，寸积铢累[4]，自成富翁。

金帛多，只是博得垂死时子孙眼泪少，不知其他，知有争而已；金帛少，只是博得垂死时子孙眼泪多，不知其他，知有哀而已。

景不和，无以破昏蒙之气；地不和，无以壮光华之色。

---

1 闺阃（kǔn）：指妇女居住的地方，借指妇女之事。

2 陶镕：陶铸熔炼。比喻培育、造就。

3 毕竟：终究。

4 寸积铢累：形容点点滴滴地积累。

一念之善，吉神随之；一念之恶，厉鬼随之。知此可以役使鬼神。

出一个丧元气进士，不若出一个积阴德平民。

眉睫才交，梦里便不能张主；眼光落地，泉下又安得分明？

佛只是个了仙，也是个了圣，人了了不知了，不知了了是了了，若知了了，便不了。

万事不如杯在手，一年几见月当空。

忧疑杯底弓蛇，双眉且展；得失梦中蕉鹿[1]，两脚空忙。

名茶美酒，自有真味。好事者投香物佐之，反以为佳，此与高人韵士误堕尘网中何异？

花棚石磴，小坐微醺。歌欲独，尤欲细；茗[2]欲频，尤欲苦。

---

1 蕉鹿：指梦幻。

2 茗：指茶。

善默即是能语，用晦即是处明，混俗即是藏身，安心即是适境。

虽无泉石膏肓，烟霞痼疾，要识山中宰相，天际真人。

气收自觉怒平，神敛自觉言简，容人自觉味和，守静自觉天宁。

处事不可不斩截，存心不可不宽舒，待己不可不严明，与人不可不和气。

居不必无恶邻，会不必无损友，唯在自持者，两得之。

要知自家是君子小人，只于五更头检点，思想的是什么便得。

以理听言，则中有主；以道窒欲，则心自清。

先淡后浓，先疏后亲，先远后近，交友道也。

苦恼世上，意气须温；嗜欲场中，肝肠欲冷。

形骸非亲，何况形骸外之长物；大地亦幻，何况大地内之微尘。

人当溷扰[1]，则心中之境界何堪；人遇清宁，则眼前之气象自别。

寂而常惺[2]，寂寂之境不扰；惺而常寂，惺惺之念不驰。

童子智少，愈少而愈完；成人智多，愈多而愈散。

无事便思有闲杂念头否，有事便思有粗浮意气否；得意便思有骄矜辞色否，失意便思有怨望情怀否。时时检点得到，从多入少。从有入无，才是学问的真消息。

笔之用以月计，墨之用以岁计，砚之用以世计。笔最锐，墨次之，砚钝者也。岂非钝者寿，而锐者夭耶？笔最动，墨次之，砚静者也，岂非静者寿而动者夭乎？于是得养生焉。以钝为体，以静为用，唯其然是以能永年。

---

1 溷（hùn）扰：打扰。

2 惺：清醒。

贫贱之人，一无所有，及临命终时，脱一厌字；富贵之人，无所不有，及临命终时，带一恋字。脱一厌字，如释重负；带一恋字，如担枷锁。

透得名利关，方是小休歇；透得生死关，方是大休歇。

人欲求道，须于功名上闹一闹方心死，此是真实语。

病至，然后知无病之快；事来，然后知无事之乐。故御病不如却病，完事不如省事。

讳贫者，死于贫，胜心使之也；讳病者，死于病，畏心蔽之也；讳愚者，死于愚，痴心覆之也。

古之人，如陈玉石于市肆，瑕瑜不掩；今之人，如货古玩于时贾，真伪难知。

士大夫损德处，多由立名心太急。

多躁者，必无沉潜之识；多畏者，必无卓越之见；多欲者，必无慷慨之节；多言者，必无笃实之心；多勇者，必无文学之雅。

剖去胸中荆棘，以便人我往来，是天下第一快活世界。

古来大圣大贤，寸针相对；世上闲言闲语，一笔勾销。

挥酒以怡情。与其应酬，何如兀坐书礼以达情；与其工巧，何若直陈棋局以适情；与其竞胜，何若促膝笑谭以怡情。与其谑浪，何若狂歌？

拙之一字，免了无千罪过；闲之一字，讨了无万便宜。

斑竹半帘，唯我道心清似水；黄粱一梦，任他世事冷如冰。欲住世出世，须知机息机。

书画为柔翰，故开卷张册，贵于从容；文酒为欢场，故对酒论文，忌于寂寞。

荣利造化，特以戏人，一毫着意，便属桎梏[1]。

---

1 桎梏：比喻束缚人的东西。

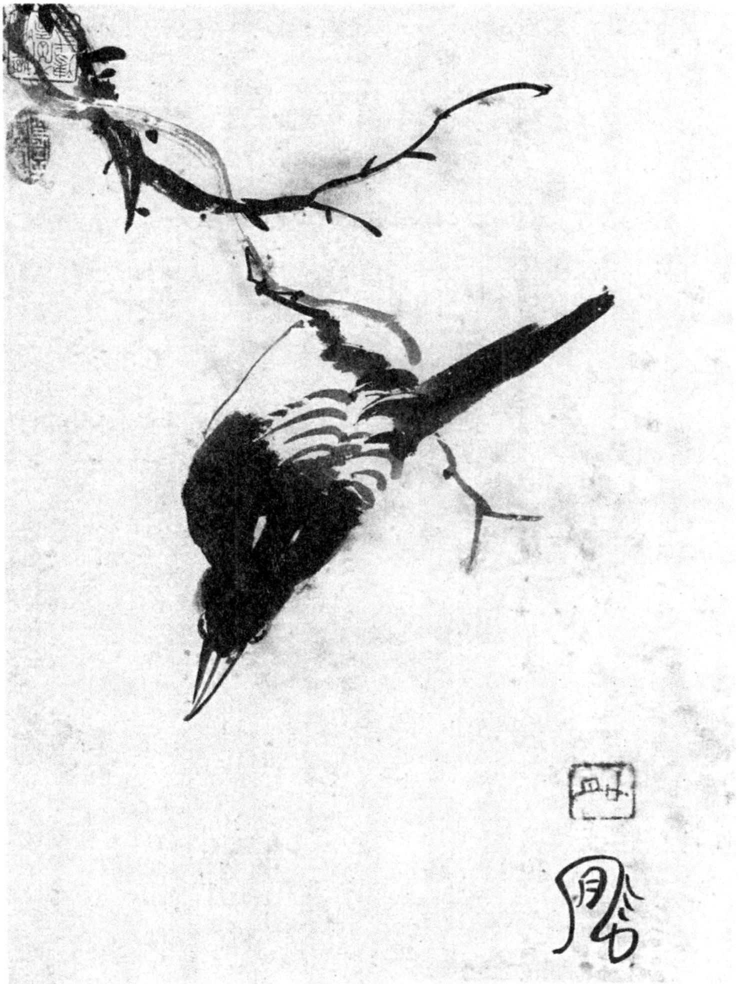

剖去胸中荆棘，以便人我往来，是天下第一快活世界。

士人不当以世事分读书，当以读书通世事。

天下之事，利害常相半；有全利而无小害者，唯书。

意在笔先，向庖羲[1]细参《易》画，慧生牙后，恍颜氏冷坐书斋。明识红楼[2]为无冢之丘垄[3]，迷来认作舍生岩；真知舞衣为暗动之兵戈，快去暂同试剑石。

调性之法，须当似养花天[4]；居才之法，切莫如妒花雨。

事忌脱空，人怕落套。

烟云堆里，浪荡子逐日称仙；歌舞丛中，淫欲身几时得度？山穷鸟道，纵藏花谷少流莺，路曲羊肠，虽覆柳荫难放马。能于热地思冷，则一世不受凄凉；能于淡处求浓，则终身不落枯槁[5]。

---

1 庖羲：伏羲，古代中国传说中的三皇之一。

2 红楼：女子的闺房。

3 丘垄：坟墓。

4 养花天：暮春牡丹开花时节。因天多轻云微雨，适宜养花。

5 枯槁：干枯。

会心之语，当以不解解之；无稽之言，是在不听听耳。

佳思忽来，书能下酒；侠情一往，云可赠人。

蔼然可亲，乃自溢之冲和，妆不出温柔软款；翘然难下，乃生成之倨傲，假不得逊顺从容。

风流得意，则才鬼独胜顽仙；孽债为烦，则芳魂毒于虐祟。极难处，是书生落魄；最可怜，是浪子白头。

世路如冥，青天障蚩尤之雾；人情如梦，白日蔽巫女之云。

密交，定有夙缘，非以鸡犬盟也；中断，知其缘尽，宁关萋菲[1]间之。

堤防不筑，尚难支移壑之虞；操存不严，岂能塞横流之性？发端无绪，归结还自支离；入门一差，进步终成恍惚。

1 萋菲：花纹错杂，这里指小人。

打诨[1]随时[2]之妙法，休嫌终日昏昏；精明当事之祸机，却恨一生了了。藏不得是拙，露不得是丑。

形同隽石，致胜冷云，决非凡士；语学娇莺，态摹媚柳，定是弄臣。

开口辄生雌黄月旦之言，吾恐微言将绝，捉笔便惊。

风波肆险，以虚舟震撼，浪静风恬；矛盾相残，以柔指解分，兵销戈倒。

豪杰向简淡中求，神仙从忠孝上起。

人不得道，生死老病四字关，谁能透过；独美人名将，老病之状，尤为可怜。

日月如惊丸，可谓浮生矣，唯静卧是小延年；人事如飞尘，可谓劳攘矣，唯静坐是小自在。

1 打诨：戏谑。

2 随时：顺应世情。

平生不作皱眉事，天下应无切齿人。

暗室之一灯，苦海之三老[1]；截疑网[2]之宝剑，抉盲眼之金针。

攻取之情化，鱼鸟亦来相亲；悖戾之气销，世途不见可畏。吉人[3]安祥，即梦寐神魂[4]，无非和气；凶人狠戾，即声音笑语，浑是杀机。

天下无难处之事，只要两个如之何；天下无难处之人，只要三个必自反。

能脱俗便是奇，不合污便是清。处巧若拙，处明若晦，处动若静。

参玄借以见性，谈道借以修真。

---

1 三老：泛指有声望的老人。

2 疑网：疑虑、猜忌之网。

3 吉人：好人。

4 梦寐神魂：梦中的神仙鬼魂。

世人皆醒时作浊事，安得睡时有清身；若欲睡时得清身，须于醒时有清意。

好读书，非求身后之名，但异见异闻，心之所愿。是以孜孜搜讨，欲罢不能，岂为声名劳七尺也？

一间屋，六尺地，虽没庄严，却也精致；蒲作团，衣作被，日里可坐，夜间可睡；灯一盏，香一炷，石磬数声，木鱼几击；龛常关，门常闭，好人放来，恶人回避；发不除，荤不忌，道人心肠，儒者服制；不贪名，不图利，了清静缘，作解脱计；无挂碍，无拘系，闲便入来，忙便出去；省闲非，省闲气，也不游方，也不避世；在家出家，在世出世，佛何人，佛何处？此即上乘，此即三昧。日复日，岁复岁，毕我这生，任他后裔。

草色花香，游人赏其真趣；桃开梅谢，达士悟其无常。

招客留宾，为欢可喜，未断尘世之扳援；浇花种树，嗜好虽清，亦是道人之魔障。

人常想病时，则尘心便减；人常想死时，则道念自生。

入道场而随喜，则修行之念勃兴；登丘墓而徘徊，则名利之心顿尽。

铄金玷玉[1]，从来不乏乎谗人；洗垢索瘢[2]，尤好求多于佳士。止作秋风过耳，何妨尺雾障天。

真放肆不在饮酒高歌，假矜持偏于大庭卖弄；看明世事透，自然不重功名；认得当下真，是以常寻乐地。

富贵功名，荣枯得丧，人间惊见白头；风花雪月，诗酒琴书，世外喜逢青眼。

欲不除，似蛾扑灯，焚身乃止；贪无了，如猩嗜酒，鞭血方休。涉江湖者，然后知波涛之汹涌；登山岳者，然后知蹊径之崎岖。

人生待足何时足，未老得闲始是闲。

1 铄金玷玉：比喻激烈的诽谤、诋毁。

2 洗垢索瘢：洗去污秽后，仍然索寻瘢痕。形容过分地挑剔。

谈空反被空迷，耽静多为静缚。

旧无陶令酒巾，新撇张颠书草；何妨与世昏昏，只问吾心了了。

以书史为园林，以歌咏为鼓吹，以理义为膏粱，以著述为文绣，以诵读为菑畲[1]，以记问为居积，以前言往行为师友，以忠信笃敬为修持，以作善降祥为因果，以乐天知命为西方。

云烟影里见真身，始悟形骸为桎梏；禽鸟声中闻自性，方知情识是戈矛。

事理因人言而悟者，有悟还有迷，总不如自悟之了了；意兴从外境而得者，有得还有失，总不如自得之休休[2]。

白日欺人，难逃清夜之愧赧；红颜失志，空遗皓首之悲伤。定云止水中，有鸢飞鱼跃的景象；风狂雨骤处，有波恬浪静的风光。

---

1 菑（zī）畲（shē）：耕耘，以喻事物的根本。

2 休休：闲适的样子。

平地坦途，车岂无蹶；巨浪洪涛，舟亦可渡；料无事必有事，恐有事必无事。

富贵之家，常有穷亲戚来往，便是忠厚。

朝市山林俱有事，今人忙处古人闲。

人生有书可读，有暇得读，有资能读，又涵养之如不识字人，是谓善读书者。享世间清福，未有过于此也。

世上人事无穷，越干越见不了；我辈光阴有限，越闲越见清高。

两刃相迎俱伤，两强相敌俱败。

我不害人，人不我害；人之害我，由我害人。

商贾不可与言义，彼溺于利；农工不可与言学，彼偏于业；俗儒不可与言道，彼谬于词。

博览广识见，寡交少是非。

明霞可爱，瞬眼而辄空；流水堪听，过耳而不恋。人能以明霞视美色，则业障[1]自轻；人能以流水听弦歌，则性灵何害？休怨我不如人，不如我者常众；休夸我能胜人，胜如我者更多。

人心好胜，我以胜应必败；人情好谦，我以谦处反胜。

人言天不禁人富贵，而禁人清闲，人自不闲耳。若能随遇而安，不图将来，不追既往，不蔽目前，何不清闲之有？

暗室贞邪谁见，忽而万口喧传；自心善恶炯然，凛于四王考校[2]。

寒山诗云:“有人来骂我，分明了了知，虽然不应对，却是得便宜。”此言宜深玩味。

恩爱，吾之仇也；富贵，身之累也。

---

1 业障：罪孽。

2 四王考校：指佛教说的四天王考问囚徒。

冯驩之铗[1]，弹老无鱼；荆轲之筑[2]，击来有泪。

以患难心居安乐，以贫贱心居富贵，则无往不泰矣；以渊谷视康庄，以疾病视强健，则无往不安矣。

有誉于前，不若无毁于后；有乐于身，不若无忧于心。

富时不俭贫时悔，潜时不学用时悔，醉后狂言醒时悔，安不将息病时悔。

寒灰内半星之活火，浊流中一线之清泉。

攻玉于石，石尽则玉出；淘金于沙，沙尽则金露。

乍交不可倾倒，倾倒则交不终；久与不可隐匿，隐匿则心必险。

丹之所藏者赤，墨之所藏者黑。

---

1 冯驩（huān）之铗（jiá）：冯驩，战国时人。铗，长剑。

2 荆轲之筑：荆轲，战国时人，曾为燕太子丹刺杀秦王，未成功，被杀。

懒可卧，不可风；静可坐，不可思；闷可对，不可独；劳可酒，不可食；醉可睡，不可淫。

书生薄命原同妾，丞相怜才不论官。

少年灵慧，知抱夙根；今生冥顽，可卜来世。

拨开世上尘氛，胸中自无火炎冰兢[1]；消却心中鄙吝，眼前时有月到风来。

尘缘割断，烦恼从何处安身；世虑潜消，清虚向此中立脚。市争利，朝争名，盖棺日何物可殉蒿里[2]；春赏花，秋赏月，荷锸时[3]此身常醉蓬莱。

驷马难追，吾欲三缄其口；隙驹易过，人当寸惜乎阴。

万分廉洁，止是小善；一点贪污，便为大恶。

---

1 冰兢（jīng）：表示恐惧、谨慎之意。

2 蒿（gāo）里：古代葬地名。

3 荷锸时：指死的时候。

拨开世上尘氛，胸中自无火炎冰兢；
消却心中鄙吝，眼前时有月到风来。

炫奇之疾，医以平易；英发之疾，医以深沉；阔大之疾，医以充实。

才舒放即当收敛，才言语便思简默。

贫不足羞，可羞是贫而无志；贱不足恶，可恶是贱而无能；老不足叹，可叹是老而虚生；死不足悲，可悲是死而无补。身要严重，意要闲定；色要温雅，气要和平；语要简徐，心要光明；量要阔大，志要果毅；机要缜密，事要妥当。

富贵家宜学宽，聪明人宜学厚。

休委罪于气化，一切责之人事；休过望于世间，一切求之我身。

世人白昼寐语，苟能寐中作白昼语，可谓常惺惺矣。

观世态之极幻，则浮云转有常情；咀世味之昏空，则流水翻多浓旨[1]。

1 浓旨：深厚的味道。

大凡聪明之人，极是误事。何以故？唯聪明生意见，意见一生，便不忍舍割。往往溺于爱河欲海者，皆极聪明之人。是非不到钓鱼处，荣辱常随骑马人。

名心未化，对妻孥[1]亦自矜庄；隐衷释然，即梦寐皆成清楚。

观苏季子以贫穷得志，则负郭[2]二顷田，误人实多；观苏季子以功名杀身，则武安六国印[3]，害人不浅。

名利场中，难容伶俐；生死路上，正要糊涂。

一杯酒留万世名，不如生前一杯酒，自身行乐耳，遑恤[4]其他；百年人做千年调，至今谁是百年人，一棺戢身，万事都已。郊野非葬人之处，楼台是为丘墓；边塞非杀人之场，歌舞是为刀兵。试观罗绮纷纷，何异旌旗密密；听管弦冗冗，何异松柏萧萧。葬王侯之骨，能消几处楼台；落壮士之头，

1 妻孥：指妻子儿女。
2 负郭：临近城郭。
3 武安六国印：武安君，苏秦的爵位；六国印，六国相印。
4 遑恤：指无暇顾及。

经得几番歌舞。达者统为一观，愚人指为两地。

节义傲青云，文章高白雪。若不以德性陶镕之，终为血气之私，技能之末。

我有功于人，不可念，而过则不可不念；人有恩于我，不可忘，而怨则不可不忘。

径路窄处，留一步与人行；滋味浓时，减三分让人嗜。此是涉世一极安乐法。

己情不可纵，当用逆之法制之，其道在一“忍”字；人情不可拂，当用顺之法制之，其道在一“恕”字。

昨日之非不可留，留之则根烬复萌，而尘情终累乎理趣；今日之是不可执，执之则渣滓未化，而理趣反转为欲根。

文章不疗山水癖，身心每被野云羁。

卷二·集情

语云，当为情死，不当为情怨。明乎情者，原可死而不可怨者也。虽然，既云情矣，此身已为情有，又何忍死耶？然不死终不透彻耳。韩翃之柳，崔护之花，汉宫之流叶，蜀女之飘梧，令后世有情之人咨嗟想慕，托之语言，寄之歌咏；而奴无昆仑，客无黄衫，知己无押衙，同志无虞侯，则虽盟在海棠，终是陌路萧郎耳。集情第二。

家胜阳台，为欢非梦。人惭萧史，相偶成仙。轻扇初开，忻看笑靥。长眉始画，愁对离妆。广摄金屏，莫令愁拥。恒开锦幔，速望人归。镜台新去，应余落粉。熏炉未徙，定有余烟。泪滴芳衾，锦花长湿。愁随玉轸，琴鹤恒惊。锦水丹鳞，素书稀远。玉山青鸟，仙使难通。彩笔试操，香笺遂满。行云可托，梦想还劳。九重千日，讵想倡家。单枕一宵，便如浪子。当令照影双来，一鸾羞镜。勿使推窗独坐，嫦娥笑人。

几条杨柳，沾来多少啼痕；三叠阳关，唱彻古今离恨。

世无花月美人，不愿生此世界。

荀令君[1]至人家，坐处留香三日。

罄南山之竹，写意无穷；决东海之波，流情不尽；愁如云而长聚，泪若水以难干。

弄绿绮[2]之琴，焉得文君之听；濡彩毫之笔，难描京兆

1 荀令君：荀彧，东汉著名政治家、战略家。

2 绿绮：琴名。

之眉；瞻云望月，无非凄怆之声；弄柳拈花，尽是销魂之处。

悲火常烧心曲，愁云频压眉尖。

五更三四点，点点生愁；一日十二时，时时寄恨。

燕约莺期，变作鸾悲凤泣；蜂媒蝶使，翻成绿惨红愁。

花柳深藏淑女居，何殊弱水三千；雨云不入襄王梦，空忆十二巫山。

枕边梦去心亦去，醒后梦还心不还。

万里关河，鸿雁来时悲信断；满腔愁绪，子规啼处忆人归。

千叠云山千叠愁，一天明月一天恨。

豆蔻不消心上恨，丁香空结雨中愁。

月色悬空，皎皎明明，偏自照人孤寂；蛩声泣露，啾啾唧唧，都来助我愁思。

慈悲筏，济人出相思海；恩爱梯，接人下离恨天。

费长房[1]缩不尽相思地；女娲氏补不完离恨天。

孤灯夜雨，空把青年误，楼外青山无数，隔不断新愁来路。

黄叶无风自落，秋云不雨长阴。天若有情天亦老，摇摇幽恨难禁，惆怅旧人如梦，觉来无处追寻。

蛾眉未赎，谩劳[2]桐叶寄相思；潮信难通，空向桃花寻往迹。野花艳目，不必牡丹，村酒酣人，何须绿蚁[3]？

琴罢辄举酒，酒罢辄吟诗，三友递相引，循环无已时。

阮籍邻家少妇有美色，当垆[4]沽酒，籍尝诣饮，醉便卧其

---

1 费长房：东汉时期方士，会缩地功。

2 谩劳：徒劳。

3 绿蚁：新酿的酒还未滤清时，酒面浮起酒渣，色微绿，细如蚁，称为“绿蚁”。

4 当垆：在酒垆前。

侧。隔帘闻堕钗声，而不动念者，此人不痴则慧，我幸在不痴不慧中。

桃叶题情，柳丝牵恨。胡天胡帝[1]，登徒于焉怡目；为云为雨，宋玉因而荡心。轻泉刀若土壤，居然翠袖之朱家，重然诺如丘山，不添红妆之季布。

蝴蝶长悬孤枕梦，凤凰不上断弦鸣。

吴妖小玉飞作烟，越艳西施化为土。

妙唱非关舌，多情岂在腰？

孤鸣翱翔以不去，浮云黯霨而荏苒。

楚王宫里，无不推其细腰；魏国佳人，俱言讶其纤手。

传鼓瑟于杨家，得吹箫于秦女。

1 胡天胡帝：何为天，何为地。

春草碧色，春水绿波，送君南浦，伤如之何！

玉树以珊瑚作枝，珠帘以玳瑁[1]为柙[2]。

东邻[3]巧笑，来侍寝于更衣；西子微颦[4]，将横陈于甲帐。

骋纤腰于结风，奏新声于度曲，妆鸣蝉之薄鬓，照坠马之垂鬟。金星与婺女争华，麝月共嫦娥竞爽。惊鸾冶袖，时飘韩椽之香；飞燕长裾，宜结陈王之佩。轻身无力，怯南阳之捣衣；生长深宫，笑扶风之织锦。

青牛帐里，余曲既终；朱鸟窗前，新妆已竟。

山河绵邈，粉黛若新。椒华承彩，竟虚待月之帘；癸骨埋香[5]，谁作双鸾之雾。

1 玳瑁：亦作“瑇瑁”，爬行动物，形似龟，甲壳黄褐色，有黑斑和光泽，可作装饰品。

2 柙：小箱子。

3 东邻：指美女。

4 西子微颦：西施微微地皱眉。

5 癸骨埋香：埋葬女子的尸骨。

蜀纸麝煤[1]添笔媚，越瓯犀液[2]发茶香，风飘乱点更筹转，拍送繁弦曲破长。

教移兰烬[3]频羞影，自试香汤更怕深。初似染花难抑按，终忧沃雪不胜任，岂知侍女帘帏外，赚取君玉数饼金。

静中楼阁深春雨，远处帘栊半夜灯。

绿屏无睡秋分簟[4]，红叶伤时月午楼。

但觉夜深花有露，不知人静月当楼。何郎[5]烛暗谁能咏，韩寿香薰[6]亦任偷。

---

1 蜀纸麝煤：蜀纸，指蜀地所产的纸张，纸质很好。麝煤，古代研制墨的原料。

2 越瓯（ōu）犀液：越瓯，越地的瓷器。犀液，桂花水。

3 兰烬：蜡烛燃烧后的灰烬。因为形状像兰花，故称为兰烬。

4 簟（diàn）：竹席。

5 何郎：魏晋南北朝时期南朝梁诗人何逊，字仲言，曾有诗云：“夜雨滴空阶，晓灯暗离室”，书写感伤离别之情。

6 韩寿香薰：晋代美男子韩寿，曾在贾充之下任司空掾，被贾充之女看上，私下往来，并将其父的西域贡香偷赠韩寿。贾充闻到韩寿身上的异香，不得已，将自己的女儿许配给了韩寿。

蝶憩香风，尚多芳梦；鸟沾红雨，不任娇啼。

阆苑[1]有书多附鹤，女墙[2]无树不栖鸾。星沉海底当窗见，雨过河源隔座看。

风阶拾叶，山人茶灶劳薪；月径聚花，素士吟坛绮席。

当场笑语，尽如形骸外之好人；背地风波，谁是意气中之烈士。

山翠扑帘，卷不起青葱一片；树阴流径，扫不开芳影几重。

珠帘蔽月，翻窥窈窕之花；绮幔藏云，恐碍扶疏之柳。

幽堂昼深，清风忽来好伴；虚窗夜朗，明月不减故人。

多恨赋花，风瓣乱侵笔墨；含情问柳，雨丝牵惹衣裾。

亭前杨柳，送尽到处游人；山下蘼芜[3]，知是何时归路。

1 阆苑：传说中神仙居住的地方，因此多有仙鹤栖居。

2 女墙：城墙上的小矮墙。

3 蘼芜：一种香草，古时多指离别。

天涯浩渺，风飘四海之魂；尘土流离，灰染半生之劫。

蝶憩香风，尚多芳梦；鸟沾红雨，不任娇啼。

幽情化而石立，怨风结而冢青，千古空闺之感，顿令薄幸惊魂。

一片秋山，能疗病客，半声春鸟，偏唤愁人。

李太白酒圣，蔡文姬书仙，置之一时，绝妙佳偶。

华堂今日绮筵[1]开，谁唤分司御史来，忽发狂言惊满座，两行红粉一时回。

缘之所寄，一往而深。故人恩重，来燕子于雕梁；逸士情深，托凫雏于春水。好梦难通，吹散巫山云气；仙缘未合，空探游女珠光。

桃花水泛，晓妆宫里腻胭脂；杨柳风多，堕马结中摇翡翠。

1 绮筵：丰盛的酒席。

对妆则色殊，比兰则香越，泛明彩于宵波，飞澄华于晓月。

纷弱叶而凝照，竞新藻而抽英。

手巾还欲燥[1]，愁眉即使开，逆想行人至，迎前含笑来。

逶迤[2]洞房，半入宵梦，窈窕闲馆，方增客愁。

悬媚子[3]于搔头，拭钗梁于粉絮[4]。

临风弄笛，栏杆上桂影[5]一轮；扫雪烹茶，篱落边梅花数点。银烛轻弹，红妆笑倚，人堪惜，情更堪惜；困雨花心，垂阴柳耳，客堪怜，春亦堪怜。

肝胆谁怜，形影自为管鲍；唇齿相济，天涯孰是穷交？

---

1 燥：干燥。

2 逶迤：弯弯曲曲的。

3 媚子：指首饰名。

4 粉絮：洁白的丝绵。

5 桂影：月影。

兴言及此，辄欲再广绝交之论，重作署门之句。

燕市之醉泣，楚帐之悲歌，岐路之涕零，穷途之恸哭。每一退念及此，虽在千载以后，亦感慨而兴嗟。

陌上繁华[1]，两岸春风轻柳絮;闺中寂寞，一窗夜雨瘦梨花。芳草归迟，青骢别易[2]，多情成恋，薄命何嗟; 要亦人各有心，非关女德善怨。

山水花月之际，看美人更觉多韵。非美人借韵于山水花月也，山水花月直借美人生韵耳。

深花枝，浅花枝，深浅花枝相间时，花枝难似伊；巫山高，巫山低，暮雨潇潇郎不归，空房独守时。

青娥[3]皓齿别吴倡，梅粉妆[4]成半额黄；罗屏绣幔围寒玉，

1 陌上繁华：陌，乡间小路。繁华，即繁花，指开满鲜花。

2 青骢别易：青骢，青白色的马，在此指骑着青白色的马的情郎。别易，轻易就离别了。

3 青娥：年轻的美丽女子。

4 梅粉妆：古代女子的一种妆式，即在额头上画上梅花。

帐里吹笙学凤凰。

初弹如珠后如缕，一声两声落花雨，诉尽平生云水心，尽是春花秋月语。

春娇满眼睡红绡[1]，掠削云鬟旋妆束。飞上九天歌一声，二十五郎[2]吹管逐。

琵琶新曲，无待石崇；箜篌杂引，非因曹植。

休文腰[3]瘦，羞惊罗带之频宽；贾女容销，懒照蛾眉之常锁。琉璃砚匣，终日随身；翡翠笔床，无时离手。

清文满箧，非唯芍药之花；新制连篇，宁止葡萄之树。

西蜀豪家，托情穷于鲁殿[4]；东台甲馆[5]，流咏止于洞箫。

1 红绡：指红色薄绸。

2 二十五郎：指唐代李承宁，善吹奏。

3 休文腰：南朝梁沈约，字休文，常多病，腰瘦。

4 鲁殿：指山东的孔子旧宅，藏有很多的书籍。

5 东台甲馆：东台，唐代的官署名称。甲馆，比较高级的馆舍。

醉把杯酒，可以吞江南吴越[1]之清风；拂剑长啸，可以吸燕赵秦陇之劲气。

林花翻洒，乍飘飏于兰皋；山禽啭响，时弄声于乔木。

长将姊妹丛中避，多爱湖山僻处行。

未知枕上曾逢女[2]，可认眉尖与画郎。

蘋风[3]未冷催鸳别，沉檀合子留双结；千缕愁丝只数围，一片香痕才半节。

那忍重看娃鬓绿[4]，终期一遇客衫黄。

金钱赐侍儿[5]，暗嘱教休语。

---

1 江南吴越：皆属于中国南部地区，整体而言南部气势阴柔，北部强悍。

2 女：同“汝”。

3 蘋风：微风。

4 看娃鬓绿：娃，方言，吴地对年轻貌美的女子的称呼。鬓绿，指乌黑的头发。

5 侍儿：仆人。

薄雾几层推月出，好山无数渡江来；轮将秋动虫先觉，换得更深鸟越催。

花飞帘外凭笺讯，雨到窗前滴梦寒。

樯标[1]远汉，昔时鲁氏之戈；帆影塞沙，此夜姜家之被。

填愁不满吴娃井，剪纸空题蜀女祠。

良缘易合，红叶亦可为媒；知己难投，白璧未能获主。

填平湘岸都栽竹，截住巫山不放云。

鸭为怜香死，鸳因泥睡痴。

红印山痕春色微，珊瑚枕上见花飞，烟鬟潦乱香云湿，疑向襄王梦里归。

零乱如珠为点妆，素辉乘月湿衣裳，只愁天酒倾如斗，

1 樯标：传递讯息的信笺。

醉却环姿傍玉床。

有魂落红叶，无骨锁青鬟[1]。

书题蜀纸愁难浣，雨歇巴山话亦陈。

盈盈[2]相隔愁追随，谁为解语[3]来香帷。

斜看两鬟垂，俨似行云嫁。

欲与梅花斗宝妆，先开娇艳逼寒香，只愁冰骨藏珠屋，不似红衣待玉郎。

纵教弄酒春衫浣，别有风流上眼波。

听风声以兴思，闻鹤唳以动怀。企庄生之逍遥，慕尚子之清旷。

1 青鬟：乌黑的发鬟。

2 盈盈：美好的样子。

3 解语：解语花，在此指美人。

灯结细花成穗落，泪题愁字带痕红。

无端饮却相思水，不信相思想杀人。

渔舟唱晚，响穷彭蠡之滨；雁阵惊寒，声断衡阳之浦。

爽籁发而清风生，纤歌凝而白云遏。

杏子轻纱初脱暖，梨花深院自多风。

卷三·集峭

今天下皆妇人矣！封疆缩其地，而中庭之歌舞犹喧；战血枯其人，而满座貂蝉之自若。我辈书生，既无诛乱讨贼之柄，而一片报国之忱，唯于寸褚尺字间见之；使天下之须眉而妇人者，亦耸然有起色。集峭第三。

忠孝，吾家之宝；经史，吾家之田。

闲到白头真是拙，醉逢青眼不知狂。

兴之所到，不妨呕出惊人；心故不然，也须随场作戏。

放得俗人心下，方可为丈夫；放得丈夫心下，方名为仙佛；放得仙佛心下，方名为得道。

吟诗劣于讲学，骂座恶于足恭。两而揆[1]之，宁为薄幸狂夫，不作厚颜君子。

观人题壁，便识文章。

宁为真士夫，不为假道学；宁为兰摧玉折，不作萧敷艾荣[2]。

随口利牙，不顾天荒地老；翻肠倒肚，那管鬼哭神愁。

---

1 揆（kuí）：猜度。

2 萧敷艾荣：比喻小人得志。

竹外窥莺，树外窥水，峰外窥云，难道我有意无意；
鸟来窥人，月来窥酒，雪来窥书，却看他有情无情。

身世浮名，余以梦蝶视之，断不受肉眼相看。

达人撒手悬崖，俗子沉身苦海。

销骨口中，生出莲花九品，铄金舌上，容他鹦鹉千言。

少言语以当贵，多著述以当富，载清名以当车，咀英华以当肉。

竹外窥鸟，树外窥山，峰外窥云，难道我有意无意；鹤来窥人，月来窥酒，雪来窥书，却看他有情无情。

体裁如何，出月隐山；情景如何，落日映屿；气魄如何，收露敛色；议论如何，回飙拂渚[1]。

有大通必有大塞，无奇遇必无奇穷。

雾满杨溪，玄豹山间偕日月；云飞翰苑，紫龙天外借风雷。西山霁雪，东岳含烟；驾凤桥以高飞，登雁塔而远眺。

1 回飙拂渚：回飙，回旋的飙风；渚，水中的小洲。

一失脚为千古恨，再回头是百年人。

居轩冕之中，不可无山林的气味；处林泉之下，常怀廊庙的经纶。

学者有段兢业的心思，又要有段潇洒的趣味。

平民种德施惠，是无位之公卿；仕夫贪财好货，乃有爵的乞丐。

烦恼场空，身住清凉世界；营求念绝，心归自在乾坤。

觑破兴衰究竟，人我得失冰消；阅尽寂寞繁华，豪杰心肠灰冷。

名衲谈禅，必执经升座，便减三分禅理。

穷通之境未遭，主持之局已定；老病之势未催，生死之关先破。求之今人，谁堪语此？

一纸八行，不过寒温之句；鱼腹雁足[1]，空有往来之烦。是以嵇康不作[2]，严光口传[3]，豫章掷之水中[4]，陈泰挂之壁上[5]。

枝头秋叶，将落犹然恋树；檐前野鸟，除死方得离笼。人之处世，可怜如此。

士人有百折不回之真心，才有万变不穷之妙用。

立业建功，事事要从实地着脚，若少慕声闻，便成伪果；讲道修德，念念要从虚处立基，若稍计功效，便落尘情。

执拗者福轻，而圆融之人其禄必厚；操切者寿夭，而宽

---

1 鱼腹雁足：指书信，古人有借鱼腹、雁足来传书之说。

2 嵇康不作：嵇康，魏晋时期“竹林七贤”之一，曾作《与山巨源绝交书》，声言自己不愿放弃自己的气节侍奉他人。

3 严光口传：据《后汉书·严光传》记载，严光曾经与光武帝刘秀一起游学，光武帝很欣赏他的才能，即位之后就派使者带上书信请严光辅佐自己。严光没有回写书信，而是派人带去口信：“君房足下：位至鼎足，甚善。怀仁辅义天下悦，阿谀顺旨要领绝。”

4 豫章掷之水中：据《世说新语·任诞》记载，殷洪乔将要成为豫章郡守，临走之时，很多人都送来了书函，有百许之多。后来殷洪乔把这些书信都掷于水中，因祝曰“沉者自沉，浮者自浮，殷洪乔不能作致书郎。”

5 陈泰挂之壁上：三国时期，魏臣陈泰为并州刺史，京邑许多达官贵人都给他送去珍宝，“因泰市奴婢，泰皆挂之于壁，不发其封，及征为尚书，悉以还之。”

厚之士其年必长；故君子不言命，养性即所以立命；亦不言天，尽人自可以回天。

才智英敏者，宜以学问摄其躁；气节激昂者，当以德性融其偏。

苍蝇附骥，捷则捷矣，难辞处后之羞；茑萝[1]依松，高则高矣，未免仰攀之耻。所以君子宁以风霜自挟，毋为鱼鸟亲人。伺察以为明者，常因明而生暗，故君子以恬养智；奋迅以求速者，多因速而致迟，故君子以重持轻。

有面前之誉易，无背后之毁难；有乍交之欢易，无久处之厌难。

宇宙内事，要担当，又要善摆脱。不担当，则无经世之事业；不摆脱，则无出世之襟期。

待人而留有余不尽之恩，可以维系无厌之人心；御事而留有余不尽之智，可以提防不测之事变。

---

1 茑萝：寄生于松柏的植物，常缘树而生。

无事如有事时提防，可以弭意外之变；有事如无事时镇定，可以销局中之危。

爱是万缘之根，当知割舍；识是众欲之本，要力扫除。

舌存常见齿亡，刚强终不胜柔弱；户朽未闻枢蠹[1]，偏执岂及乎圆融？

荣宠旁边辱等待，不必扬扬；困穷背后福跟随，何须戚戚！看破有尽身躯，万境之尘缘自息；悟入无怀境界，一轮之心月独明。

霜天闻鹤唳，雪夜听鸡鸣，得乾坤清绝之气；晴空看鸟飞，活水观鱼戏，识宇宙活泼之机。

斜阳树下，闲随老衲清谭；深雪堂中，戏与骚人白战。

山月江烟，铁笛数声，便成清赏；天风海涛，扁舟一叶，大是奇观。

1 **枢蠹**：门轴被虫子蛀蚀了。

秋风闭户，夜雨挑灯，卧读《离骚》泪下；霁日寻芳，春宵载酒，闲歌《乐府》神怡。

云水中载酒，松篁[1]里煎茶，岂必銮坡侍宴；山林下著书，花鸟间得句，何须凤沼挥毫。

人生不好古，象鼎牺樽[2]，变为瓦缶；世道不怜才，凤毛麟角，化作灰尘。

要做男子，须负刚肠；欲学古人，当坚苦志。

风尘善病，伏枕处一片青山；岁月长吟，操觚[3]时千篇《白雪》。亲兄弟折箸，璧合翻作瓜分；士大夫爱钱，书香化为铜臭。心为形役，尘世马牛；身被名牵，樊笼鸡鹜。

懒见俗人，权辞托病；怕逢尘事，诡迹逃禅。

1 松篁：松与竹。

2 象鼎牺樽：代指珍贵的古代文物。

3 操觚：指写诗行文。

人不通古今，襟裾马牛；士不晓廉耻，衣冠狗彘[1]。

道院吹笙，松风袅袅；空门洗钵[2]，花雨纷纷。

囊无阿堵[3]，岂便求人；盘有水晶，犹堪留客。

种两倾附郭田[4]，量晴较雨；寻几个知心友，弄月嘲风。

着履登山，翠微中独逢老衲；乘桴[5]浮海，雪浪里群傍闲鸥。才士不妨泛驾[6]，辕下驹[7]吾弗愿也；诤臣岂合摸棱，殿上虎[8]君无尤焉。

1 彘（zhì）：猪。

2 空门洗钵：空门，即佛门。洗钵，传说师徒相传时，会以衣钵作为信物，此处以洗钵代指传经授法。

3 阿堵：金钱。

4 附郭田：指近郊良田。

5 桴：船。

6 泛驾：翻车，这里指不受拘束。

7 辕下驹：车辕下套着的小马驹。在此指持一种观望态度，畏缩以求自保的人。

8 殿上虎：指敢于直谏的诤臣。

荷钱榆荚[1]，飞来都作青蚨[2]；柔玉温香，观想可成白骨。

旅馆题蕉，一路留来魂梦谱；客途惊雁，半天寄落别离书。歌儿带烟霞之致，舞女具丘壑之资；生成世外风姿，不惯尘中物色。

今古文章，只在苏东坡鼻端定优劣；一时人品，却从阮嗣宗[3]眼内别雌黄。

魑魅[4]满前，笑著阮家《无鬼论》；炎嚣阅世，愁披刘氏《北风图》。气夺山川，色结烟霞。

诗思在灞陵桥上，微吟处，林岫便已浩然；野趣在镜湖曲边，独往时，山川自相映发。

至音不合众听，故伯牙绝弦；至宝不同众好，故卞和

---

1 荷钱榆荚：刚刚长出来的很小的荷叶、榆荚，形状与钱币相似，在此代指金钱。

2 青蚨：本为一种昆虫，在此指金钱。

3 阮嗣宗：指三国时期魏国人阮籍。

4 魑魅：鬼魅，代指阴险狡诈之徒。

泣玉。看文字，须如猛将用兵，直是鏖战一阵；亦如酷吏治狱，直是推勘到底，决不恕他。

名山乏侣，不解壁上芒鞋；好景无诗，虚携囊中锦字。

辽水无极，雁山参云，闺中风暖，陌上草薰。

秋露如珠，秋月如珪；明月白露，光阴程来；与子之别，心思徘徊。

声应气求之夫，决不在于寻行数墨之士；风行水上之文，决不在于一字一句之奇。

借他人之酒杯，浇自己之块垒[1]。

春至不知湘水深，日暮忘却巴陵道。

奇曲雅乐，所以禁淫也；锦绣黼黻[2]，所以御暴也。缛则

1 块垒：比喻胸中郁结的愁闷或气愤。

2 黼（fǔ）黻（fú）：古代衣服上黑白相间的花纹为“黼”，黑青相间的花纹为“黻”。

太过，是以檀卿[1]刺郑声，周人伤北里[2]。静若清夜之列宿，动若流彗之互奔。振骏气以摆雷，飞雄光以倒电。

停之如栖鹄，挥之如惊鸿，飘缨蕤[3]于轩幌，发晖曜 4 于群龙。始缘甍[5]而冑栋，终开帘而入隙；初便娟于墀庑[6]，未萦盈于帷席。

云气荫于丛蓍[7]，金精[8]养于秋菊；落叶半床，狂花满屋。

雨送添砚之水，竹供扫榻之风。

血三年而藏碧，魂一变而成红。

---

1 檀卿：春秋时期鲁国人。

2 北里：古时的一种舞曲名。

3 缨蕤（ruí）：冠上饰物。亦借指文人士大夫。

4 曜：光亮。

5 甍（méng）：屋脊。

6 墀（chí）庑（wǔ）：庭院。

7 丛蓍（shī）：成片蓍草。

8 金精：道教传说中的一种仙药。

举黄花而乘月艳，笼黛叶[1]而卷云翘[2]。

垂纶帘外，疑钩势之重悬；透影窗中，若镜光之开照。

叠轻蕊而矜暖，布重泥而讶湿；迹似连珠，形如聚粒。

霄光分晓，出虚窦以双飞；微阴合暝，舞低檐而并入。

任他极有见识，看得假认不得真；随你极有聪明，卖得巧藏不得拙。

伤心之事，即懦夫亦动怒发；快心之举，虽愁人亦开笑颜。

论官府不如论帝王，以佐史臣之不逮[3]；谈闺阃不如谈艳丽，以补风人之见遗。

是技皆可成名天下，唯无技之人最苦；片技即足自立天下，唯多技之人最劳。

---

1 黛叶：指乌黑秀发。

2 云翘：高耸的发髻。

3 不逮：不缺。

傲骨、侠骨、媚骨，即枯骨可致千金；冷语、隽语、韵语，即片语亦重九鼎。

议生草莽无轻重，论到家庭无是非。

圣贤不白之衷，托之日月；天地不平之气，托之风雷。

风流易荡，佯狂前颠。

书载茂先三十乘，便可移家；囊无子美一文钱，尽堪结客。有作用者，器宇定是不凡；有受用者，才情决然不露。

松枝自是幽人笔，竹叶常浮野客杯。

且与少年饮美酒，往来射猎西山头。

瑶草与芳兰而并茂，苍松齐古柏以增龄。

好生当户天呈画，古寺为际僧报钟。

群鸿戏海，野鹤游天。

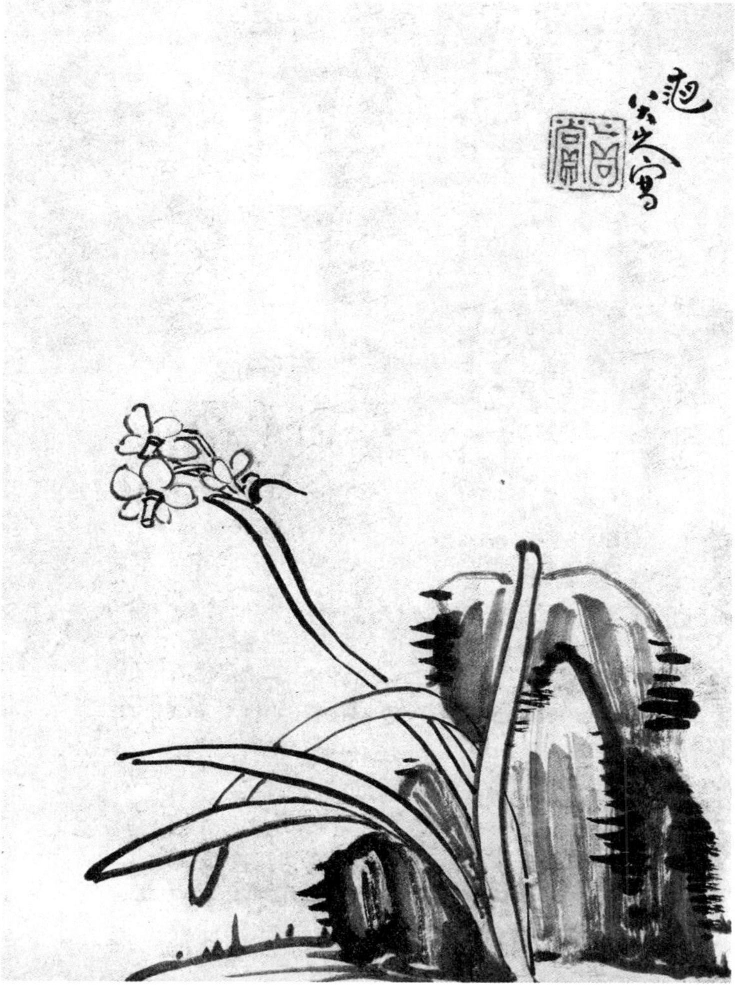

瑶草与芳兰而并茂，苍松齐古柏以增龄。

卷四·集灵

天下有一言之微而千古如新，一字之义而百世如见者，安可泯灭之？故风雷雨露，天之灵，山川民物，地之灵，语言文字，人之灵；毕三才之用，无非一灵以神其间，而又何可泯灭之？集灵第四。

投刺[1]空劳，原非生计；曳裾[2]自屈，岂是交游？

事遇快意处当转，言遇快意处当住。

俭为贤德，不可着意求贤；贫是美称，只是难居其美。

志要高华，趣要淡泊。

眼里无点灰尘，方可读书千卷；胸中没些渣滓，才能处世一番。

眉上几分愁，且去观棋酌酒；心中多少乐，只来种竹浇花。

茅屋竹窗，贫中之趣，何须脚到李侯[3]门；草帖画谱，闲里所需，直凭心游扬子[4]宅。

---

1 投刺：古代礼节，通报姓名以求相见。

2 曳裾：拖着衣襟。

3 李侯：东汉时期名士李膺。

4 扬子：西汉时期学者扬雄。

好香用以熏德，好纸用以垂世，好笔用以生花，好墨用以焕彩，好茶用以涤烦，好酒用以消忧。

声色娱情，何若净几明窗，一生息顷；利荣驰念，何若名山胜景，一登临时。

竹篱茅舍，石屋花轩；松柏群吟，藤萝翳景[1]；流水绕户，飞泉挂檐；烟霞欲栖，林壑将暝[2]。中处野叟山翁四五，予以闲身，作此中主人。坐沉红烛，看遍青山，消我情肠，任他冷眼。

问妇索酿，瓮有新篘[3]；呼童煮茶，门临好客。

花前解佩，湖上停桡[4]，弄月放歌，采莲高醉；晴云微袅，渔笛沧浪，华句一垂，江山共峙。

胸中有灵丹一粒，方能点化俗情，摆脱世故。

---

1 翳景：谓遮蔽日月的光辉。景，日光。

2 暝：晦暗。

3 篘（chōu）：酒。

4 桡（ráo）：船桨。

独坐丹房，潇然无事，烹茶一壶，烧香一炷，看《达摩面壁图》。垂帘少顷，不觉心净神清，气柔息定，濛濛然如混沌境界，意者揖达摩与之乘槎而见麻姑[1]也。

无端妖冶，终成泉下骷髅；有分功名，自是梦中蝴蝶。

累月独处，一室萧条；取云霞为伴侣，引青松为心知。或稚子老翁，闲中来过，浊酒一壶，蹲鸱[2]一盂，相共开笑口，所谈浮生闲话，绝不及市朝。客去关门，了无报谢，如是毕余生足矣。

半坞白云耕不尽，一潭明月钓无痕。

茅檐外，忽闻犬吠鸡鸣，恍似云中世界；竹窗下，唯有蝉吟鹊噪，方知静里乾坤。

如今休去便休去，若觅了时无了时。若能行乐，即今便好快活。身上无病，心上无事，春鸟是笙歌，春花是粉黛。

---

1 麻姑：指女仙人。

2 蹲鸱（chī）：饮酒猜拳时对大拇指的代称。

闲得一刻，即为一刻之乐，何必情欲乃为乐耶？

开眼便觉天地阔，挝[1]鼓非狂；林卧不知寒暑更，上床空算。唯俭可以助廉，唯恕可以成德。

山泽未必有异士，异士未必在山泽。

业净六根成慧眼，身无一物到茅庵。

人生莫如闲，太闲反生恶业；人生莫如清，太清反类俗情。“不是一番寒彻骨，怎得梅花扑鼻香。”念头稍缓时，便庄诵一遍。梦以昨日为前身，可以今夕为来世。

读史要耐讹字，正如登山耐仄路，蹈雪耐危桥，闲居耐俗汉，看花耐恶酒，此方得力。

世外交情，唯山而已。须有大观眼[2]、济胜具[3]、久住缘，方许与之为莫逆。

---

1 挝（wō）：敲打。

2 大观眼：洞察万物的慧眼。

3 济胜具：登临山川名胜的强健躯体。具，躯体。

九山[1]散樵迹，俗间徜徉自肆，遇佳山水处，盘礴[2]箕踞，四顾无人，则划然长啸，声振林木。有客造榻与语，对曰：“余方游华胥，接羲皇，未暇理君语。”客之去留，萧然不以为意。

择地纳凉，不若先除热恼；执鞭求富，何如急遣穷愁。

万壑疏风清，两耳闻世语，急须敲玉磬三声；九天凉月净，初心诵其经，胜似撞金钟百下。

无事而忧，对景不乐，即自家亦不知是何缘故，这便是一座活地狱，更说甚么铜床铁柱、剑树刀山[3]也。

烦恼之场，何种不有，以法眼照之，奚啻蝎蹈空花[4]？

上高山，入深林，穷回溪，幽泉怪石，无远不到；到则拂草而坐，倾壶而醉，醉则更相枕藉以卧，意亦甚适，梦亦同趣。

1 九山：泛指天下名山。

2 盘礴：广大。

3 铜床铁柱、剑树刀山：泛指地狱中的刑罚。

4 奚啻蝎蹈空花：像是蝎子爬在虚幻的花上罢了。

闭门阅佛书，开门接佳客，出门寻山水，此人生三乐。

客散门扃[1]，风微日落，碧月皎皎当空，花阴徐徐满地；近檐鸟宿，远寺钟鸣，茶铛[2]初熟，酒瓮乍开；不成八韵新诗，毕竟一团俗气。

不作风波于世上，自无冰炭到胸中。

秋月当天，纤云都净，露坐空阔去处；清光冷浸，此身如在水晶宫里，令人心胆澄彻。

遗子黄金满篋，不如教子一经。

凡醉各有所宜。醉花宜昼，袭其光也；醉雪宜夜，清其思也；醉得意宜唱，宣其和也；醉将离宜击钵，壮其神也；醉文人宜谨节奏，畏其侮也；醉俊人宜益觥盂[3]加旗帜，助其烈也；醉楼宜暑，资其清也；醉水宜秋，泛其爽也。此皆审其

---

1 扃（jiōng）：从外面关闭门户用的门闩、门环等。此处指关门。

2 茶铛：煎茶用的釜。

3 觥盂：酒器。

宜，考其景，反此则失饮矣。竹风一阵，飘飏[1]茶灶疏烟；梅月半湾，掩映书窗残雪。

厨冷分山翠，楼空入水烟。

闲疏滞叶通邻水，拟典荒居作小山。

聪明而修洁，上帝固录清虚；文墨而贪残，置官不受词赋。破除烦恼，二更山寺木鱼声；见彻性灵，一点云堂优钵[2]影。兴来醉倒落花前，天地即为衾枕；机息忘怀磐石上，古今尽属蜉蝣。

老树着花，更觉生机郁勃；秋禽弄舌，转令幽兴潇疏。

完得心上之本来，方可言了心；尽得世间之常道，才堪论出世。

雪后寻梅，霜前访菊，雨际护兰，风外听竹；固野客之

1 飘飏：飘扬。

2 优钵：指青莲花。

闲情，实文人之深趣。

结一草堂，南洞庭月，北蛾眉雪，东泰岱松，西潇湘竹；中具晋高僧支法，八尺沉香床。浴罢温泉，投床鼾睡，以此避暑，讵不乐也？

人有一字不识，而多诗意；一偈不参，而多禅意；一勺不濡，而多酒意；一石不晓，而多画意；淡宕故也。

以看世人青白眼转而看书，则圣贤之真见识；以议论人雌黄口转而论史，则左狐之真是非。

事到全美处，怨我者不能开指摘之端；行到至污处，爱我者不能施掩护之法。

必出世者，方能入世，不则世缘易堕；必入世者，方能出世，不则空趣难持。

调性之法，急则佩韦[1]，缓则佩弦；谱情之法，木则从舟，

---

1 佩韦：韦，熟皮。因其性柔韧，性情急躁的人佩在身上，以此来提醒自己要像熟牛皮那样软韧，诸事不可急躁。

陆则从车。

才人之行多放，当以正敛之；正人之行多板，当以趣通之。人有不及，可以情恕；非义相干，可以理遣。佩此两言，足以游世。

冬起欲迟，夏起欲早；春睡欲足，午睡欲少。

无事当学白乐天[1]之嗒然[2]，有客宜仿李建勋之击磬。

郊居，诛茅结屋，云霞栖梁栋之间，竹树在汀洲之外；与二三之同调，望衡对宇，联捷巷陌；风天雪夜，买酒相呼；此时觉曲生气味，十倍市饮。

万事皆易满足，唯读书终身无尽；人何足以不知之一念加之书。又云：读书如服药，药多力自行。

醉后辄作草书十数行，便觉酒气拂拂，从十指出去也。

---

1 白乐天：白居易。

2 嗒然：指物我两忘的心境。

书引藤为架，人将薜为衣。

从江干溪畔，箕踞[1]石上，听水声浩浩潺潺，粼粼冷冷，恰似一部天然之乐韵，疑有湘灵在水中鼓瑟也。

鸿中叠石，常论高下，但有木阴水气，便自超绝。

段由夫[2]携瑟就松风涧响之间，曰三者皆自然之声，正合类聚。高卧闲窗，绿阴清昼，天地何其寥廓也。

少学琴书，偶爱清净，开卷有得，便欣然忘食；见树木交映，时鸟变声，亦复欢然有喜。常言五六月，卧北窗下，遇凉风暂至，自谓羲皇上人[3]。

空山听雨，是人生如意事。听雨必于空山破寺中，寒雨围炉，可以烧败叶，烹鲜笋。

1 箕（jī）踞（jù）：两脚张开，两膝微曲地坐着，形状像箕。

2 段由夫：魏晋南北朝名士。

3 羲皇上人：羲皇，指伏羲氏。古人想象伏羲以前的人无忧无虑，生活闲适。

鸟啼花落，欣然有会于心。遣小奴，挈瘿樽[1]，酤白酒，釂[2]一梨花瓷盏；急取诗卷，快读一过以咽之，萧然不知其在尘埃间也。

闭门即是深山，读书随处净土。

千岩竞秀，万壑争流，草木蒙笼其上，若云兴霞蔚。

从山阴道上行，山川自相映发，使人应接不暇；若秋冬之际，犹难为怀。

欲见圣人气象，须于自己胸中洁净时观之。

执笔惟凭于手熟，为文每事于口占[3]。

箕踞于班竹林中，徙倚于青矶石上。所有道笈梵书，或校雠[4]四五字，或参讽一两章。茶不甚精，壶亦不燥，香不甚

---

1 瘿樽：瘿形的盛酒的容器。

2 釂（jiào）：干杯。

3 口占：口头表达。

4 校雠：校对文字。

良，灰亦不死；短琴无曲而有弦，长讴无腔而有音。激气发于林樾[1]，好风逆之水涯，若非羲皇以上，定亦稽阮之间。

闻人善则疑之，闻人恶则信之，此满腔杀机也。

士君子尽心利济，使海内少他不得，则天亦自然少他不得，即此便是立命。

读书不独变气质，且能养精神，盖理义收摄故也。

周旋人事后，当诵一部清净经；吊丧问疾后，当念一通扯淡歌。

卧石不嫌于斜，立石不嫌于细，倚石不嫌于薄，盆石不嫌于巧，山石不嫌于拙。

雨过生凉，境闲情适，邻家笛韵，与晴云断雨逐听之，声声入肺肠。

---

1 林樾（yuè）：林间隙地。

从江干溪畔，箕踞石上，听水声浩浩潺潺，粼粼冷冷，
恰似一部天然之乐韵，疑有湘灵在水中鼓瑟也。

不惜费，必至于空乏而求人；不受享，无怪乎守财而遗诮。园亭若无一段山林景况，只以壮丽相炫，便觉俗气扑人。

餐霞吸露，聊驻红颜；弄月嘲风，开销白日。

清之品有五：睹标致，发厌俗之心，见精洁，动出尘之想，名曰清兴；知蓄书史，能亲笔砚，布景物有趣，种花木有方，名曰清致；纸裹中窥钱，瓦瓶中藏粟，困顿于荒野，摈弃乎血属[1]，名曰清苦；指幽僻之耽，夸以为高，好言动之异，标以为放，名曰清狂；博极今古，适情泉石，文韵带烟霞，行事绝尘俗，名曰清奇。

对棋不若观棋，观棋不若弹瑟，弹瑟不若听琴。古云："但识琴中趣，何劳弦上音。"斯言信然。

奕秋往矣，伯牙往矣，千百世之下，止存遗谱，似不能尽有益于人。唯诗文字画，足为传世之珍，垂名不朽。总之身后名，不若生前酒耳。

1 血属：有血缘关系的亲属。

君子虽不过信人，君子断不过疑人。

人只把不如我者较量，则自知足。

折胶铄石，虽累变于岁时；热恼清凉，原只在于心境。所以佛国都无寒暑，仙都长似三春。

鸟栖高枝，弹射难加；鱼潜深渊，网钓不及；士隐岩穴，祸患焉至。

于射而得揖让，于棋而得征诛；于忙而得伊周，于闲而得巢许；于醉而得瞿昙，于病而得老庄，于饮食衣服、出作入息而得孔子。

前人云：“昼短苦夜长，何不秉烛游？”不当草草看过。

优人代古人语，代古人笑，代古人愤，今文人为文似之。优人登台肖古人，下台还优人，今文人为文又似之。假令古人见今文人，当何如愤，何如笑，何如语？

看书只要理路通透，不可拘泥旧说，更不可附会新说。

简傲[1]不可谓高，谄谀不可谓谦，刻薄不可谓严明，阘茸[2]不可谓宽大。

作诗能把眼前光景、胸中情趣，一笔写出，便是作手，不必说唐说宋。

少年休笑老年颠，及到老时颠一般，只怕不到颠时老，老年何暇笑少年。

饥寒困苦，福将至已，饱饫[3]宴游，祸将生焉。

打透生死关，生来也罢，死来也罢；参破名利场，得了也好，失了也好。

混迹尘中，高视物外；陶情杯酒，寄兴篇咏；藏名一时，尚友千古。

痴矣狂客，酷好宾朋；贤哉细君，无违夫子。醉人盈座，

1 简傲：亦作“简慠”。高傲，傲慢。

2 阘（tà）茸：卑贱，低劣。

3 饱饫（yù）：吃饱。

簪裾[1]半尽酒家，食客满堂，瓶瓮不离米肆。灯烛荧荧，且耽夜酌；爨烟[2]寂寂，安问晨炊。生来不解攒眉，老去弥堪鼓腹。

皮囊速坏，神识常存，杀万命以养皮囊，罪卒归于神识。佛性无边，经书有限，穷万卷以求佛性，得不属于经书。

人胜我无害，彼无蓄怨之心；我胜人非福，恐有不测之祸。

书屋前，列曲槛栽花，凿方池浸月，引活水养鱼；小窗下，焚清香读书，设净几鼓琴，卷疏帘看鹤，登高楼饮酒。

人人爱睡，知其味者甚鲜；睡则双眼一合，百事俱忘，肢体皆适，尘劳尽消，即黄粱南柯，特余事已耳。静修诗云："书外论交睡最贤。"旨哉言也！

过分求福，适以速祸；安分速祸，将自得福。

---

1 簪裾：古代显贵者的服饰，借指显贵。

2 爨（cuàn）烟：炊烟。

倚势而凌人者，势败而人凌；恃财而侮人，财散而人侮。此循环之道。我争者，人必争，虽极力争之，未必得；我让者，人必让，虽力让之，未必失。

贫不能享客，而好结客；老不能徇世，而好维世；穷不能买书，而好读奇书。

沧海日，赤城霞，蛾眉雪，巫峡云，洞庭月，潇湘雨，彭蠡烟，广凌涛，庐山瀑布，合宇宙奇观，绘吾斋壁；少陵诗，摩诘画，《左传》文，马迁史，薛涛笺，右军帖，《南华经》，相如赋，屈子《离骚》，收古今绝艺，置我山窗。

偶饭淮阴[1]，定万古英雄之眼，自有一段真趣，纷扰不宁者何能如此；醉题便殿[2]，生千秋风雅之光，自有一番奇特，跼蹐[3]牖下者岂易获诸！

---

1 偶饭淮阴：指淮阴侯韩信。韩信年少之时十分贫困，一次在城外河边遇到一群洗衣的妇女，其中有位漂母见其饥饿之状，就施舍他饭食几十天。韩信曾声言他日富贵后必定回报，漂母很生气地说并非是为了他的回报而施舍。

2 醉题便殿：据史书记载，李白曾经在便殿为唐明皇撰写诏书文诰，当时天气大寒，笔被冻上，写不成字，明皇就派十个宫嫔，各自拿着笔呵热气，呵热后再让李白使用。

3 跼（jú）蹐（jí）：形容畏缩不安。

清闲无事，坐卧随心，虽粗衣淡饭，但觉一尘不染；忧患缠身，繁扰奔忙，虽锦衣厚味，只觉万状愁苦。

我如为善，虽一介寒士，有人服其德；我如为恶，虽位极人臣，有人议其过。

读理义书，学法帖字；澄心静坐，益友清谈；小酌半醺，浇花种竹；听琴玩鹤，焚香煮茶；泛舟观山，寓意奕棋。虽有他乐，吾不易矣。

成名每在穷苦日，败事多因得志时。

宠辱不惊，肝木自宁；动静以敬，心火自定；饮食有节，脾土不泄；调息寡言，肺金自全；怡神寡欲，肾水自足。

让利精于取利，逃名巧于邀名。

彩笔描空，笔不落色，而空亦不受染；利刀割水，刀不损锷，而水亦不留痕。

唾面自干，娄师德不失为雅量；睚眦必报，郭象玄未免为祸胎。

天下可爱的人，都是可怜人；天下可恶的人，都是可惜人。事业文章，随身销毁，而精神万古如新；功名富贵，逐世转移，而气节千载一日。

读书到快目处，起一切沉沦之色；说话到洞心处，破一切暧昧之私。

谐臣媚子，极天下聪颖之人；秉正嫉邪，作世间忠直之气。隐逸林中无荣辱，道义路上无炎凉。

名心未化，对妻孥亦自矜庄，隐衷释然，即梦寐会成清楚。闻谤而怒者，谗之囮；见誉而喜者，佞[1]之媒。

滩浊作画，正如隔帘看月，隔水看花，意在远近之间，亦文章法也。

藏锦于心，藏绣于口，藏珠玉于咳唾，藏珍奇于笔墨；

1 佞（nìng）：善辩，巧言谄媚。

得时则藏于册府，不得则藏于名山。

读一篇轩快之书，宛见山青水白；听几句透彻之语，如看岳立川行。

读书如竹外溪流，洒然而往；咏诗如蘋末风起，勃焉而扬。子弟[1]排场，有举止而谢飞扬，难博缠头之锦；主宾御席，务廉隅[2]而少蕴藉[3]，终成泥塑之人。

取凉于箑[4]，不若清风之徐来;激水于槔[5]，不若甘雨之时降。有快捷之才而无所建用，势必乘愤激之处，一逞雄风；有纵横之论而无所发明，势必乘簧鼓[6]之场，一恣余力。

月榭凭栏，飞凌缥缈；云房启户，坐看氤氲[7]。

1 子弟：梨园子弟，指唱戏的人。

2 廉隅：比喻人的行为、品性端方不苟。

3 蕴藉：和谐。

4 箑（zhá）：扇子。

5 槔（gāo）：井上汲水的一种工具。

6 簧鼓：指搬弄是非。

7 氤（yīn）氲（yūn）：指湿热飘荡的云气，烟云弥漫的样子。

发端无绪，归结还自支离；入门一差，进步终成恍惚。

李纳[1]性辨急，酷尚奕棋，每下子安详，极于宽缓。有时躁怒，家人辈则密以棋具陈于前，纳睹之，便欣然改容，取子布算，都忘其恚[2]。

竹里登楼，远窥韵士，聆其谈名理于坐上，而人我之相可忘；花间扫石时候，棋师观其应危劫于枰间[3]，而胜负之机早决。

《六经》为庖厨[4]，《百家》为异馔；《三坟》为瑚琏，诸子为鼓吹；自奉得无大奢，请客未必能享。

说得一句好言，此怀庶几才好；揽了一分闲事，此身永不得闲。

1 李纳：唐朝人，曾为检校右仆射、司空、同中书门下平章事，并被封为陇西郡王，酷爱下棋。

2 恚（huì）：愤怒。

3 枰间：指棋盘上。

4 庖厨：厨师。

古人特爱松风，庭院皆植松，每闻其响，欣然往其下，曰:“此可浣尽十年尘胃。”

凡名易居，只有清名难居；凡福易享，只有清福难享。

贺兰山外虚兮怨，无定河边破镜愁。

有书癖而无剪裁，徒号书厨；惟名饮而少蕴藉，终非名饮。飞泉数点雨非雨，空翠几里山又山。

夜者日之余，雨者月之余，冬者岁之余。当此三余，人事稍疏，正可一意学问。

树影横床，诗思平凌枕上；云华满纸，字意隐跃行间。

耳目宽则天地窄，争务短则日月长。

秋老洞庭，霜清彭泽。

听静夜之钟声，唤醒梦中之梦；观澄潭之月影，窥见身外之身。

事有急之不白者，宽之或自明，毋躁急以速其忿；人有操之不从者，纵之或自化，毋操切以益其顽。

士君子贫不能济物者，遇人痴迷处，出一言提醒之；遇人急难处，出一言解救之，亦是无量功德。

处父兄骨肉之变，宜从容，不宜激烈；遇朋友交游之失，宜剀切[1]，不宜优游。

问祖宗之德泽，吾身所享者，是当念其积累之难；问子孙之福祉，吾身所贻者，是要思其倾覆之易。

韶光去矣，叹眼前岁月无多，可惜年华如疾马；长啸归与，知身外功名是假，好将姓字任呼牛。

意摹古，先存古，未敢反古；心持世，外厌世，未能离世。

苦恼世上，度不尽许多痴迷汉，人对之肠热，我对之

1 剀（kǎi）切：切实；恳切。

心冷；嗜欲场中，唤不醒许多伶俐人，人对之心冷，我对之肠热。

自古及今，山之胜多妙于天成，每坏于人造。

画家之妙，皆在运笔之先，运思之际，一经点染便减机神。长于笔者，文章即如言语；长于舌者，言语即成文章。昔人谓“丹青乃无言之诗，诗句乃有言之画”；余则欲丹青似诗，诗句无言，方许各臻妙境。

舞蝶游蜂，忙中之闲，闲中之忙；落花飞絮，景中之情，情中之景。

五夜鸡鸣，唤起窗前明月；一觉睡醒，看破梦里当年。

想到非非想，茫然天际白云；明至无无明[1]，浑矣台中明月。

逃暑深林，南风逗树；脱帽露顶，沉李浮瓜；火宅炎宫，

---

1 无无明：佛教语，指醒悟。

莲花忽进；较之陶潜卧北窗下，自称羲皇上人，此乐过半矣。

霜飞空而漫雾，雁照月而猜弦。

既景华而凋彩，亦密照而疏明；若春隰[1]之扬蘤[2]，似秋汉[3]之含星。景澄则岩岫开镜，风生则芳树流芬。

类君子之有道，入暗室而不欺；同至人之无迹，怀明义以应时。一翻一覆兮如掌，一死一生兮如轮。

---

1 隰（xí）：新耕的田地。

2 蘤（huā）：同“花”，花朵。

3 秋汉：秋季的天河。

秋老洞庭，霜清彭泽。

卷五·集素

袁石公云:“长安风雪夜，古庙冷铺中，乞儿丐僧，齁齁如雷吼，而白髭老贵人，拥锦下帷，求一合眼不得。”呜呼!松间明月，槛外青山，未尝拒人，而人人自拒者何哉?集素第五。

田园有真乐，不潇洒终为忙人；诵读有真趣，不玩味终为鄙夫；山水有真赏，不领会终为漫游；吟咏有真得，不解脱终为套语。

居处寄吾生，但得其地，不在高广；衣服被吾体，但顺其时，不在纨绮[1]；饮食充吾腹，但适其可，不在膏粱[2]；宴乐修吾好，但致其诚，不在浮靡。

披卷有余闲，留客坐残良夜月；褰帷[3]无别务，呼童耕破远山云。

琴觞自对，鹿豕为群；任彼世态之炎凉，从他人情之反覆。家居苦事物之扰，唯田舍园亭，别是一番活计；焚香煮茗，把酒吟诗，不许胸中生冰炭。

客寓多风雨之怀，独禅林道院，转添几种生机；染翰挥毫，翻经问偈，肯教眼底逐风尘。茅斋独坐茶频煮，七碗后，气爽神清；竹榻斜眠书漫抛，一枕余，心闲梦稳。

---

1 纨绮：精美的丝织品。

2 膏粱：指美食。

3 褰（qiān）帷：指体察民情。

带雨有时种竹，关门无事锄花；拈笔闲删旧句，汲泉几试新茶。

余尝净一室，置一几，陈几种快意书，放一本旧法帖；古鼎焚香，素麈挥尘，意思小倦，暂休竹榻。饷时而起，则啜苦茗，信手写汉书几行，随意观古画数幅。心目间觉洒空灵，面上尘，当亦扑去三寸。

但看花开落，不言人是非。

莫恋浮名，梦幻泡影有限；且寻乐事，风花雪月无穷。

白云在天，明月在地；焚香煮茗，阅偈翻经；俗念都捐，尘心顿洗。

暑中尝默坐，澄心闭目，作水观久之，觉肌发洒洒，几阁[1]间似有爽气来。

胸中只摆脱一恋字，便十分爽净，十分自在；人生最苦

1 几阁：橱架。

处，只是此心；沾泥带水，明是知得，不能割断耳。

无事以当贵，早寝以当富，安步以当车，晚食以当肉；此巧于处贫者。

三月茶笋初肥，梅风未困；九月莼鲈正美，秫酒[1]新香；胜友晴窗，出古人法书名画，焚香评赏，无过此时。

高枕邱中，逃名世外，耕稼以输王税，采樵以奉亲颜[2]；新谷既升，田家大洽，肥羜[3]烹以享神，枯鱼燔[4]而召友；蓑笠在户，桔槔空悬，浊酒相命，击缶长歌，野人之乐足矣。

为市井草莽之臣，早输国课[5]；作泉石烟霞之主，日远俗情。覆雨翻云何险也，论人情只合杜门；吟风弄月忽颓然，全天真且须对酒。

---

1 秫酒：高粱酒。

2 亲颜：亲人。

3 肥羜：肥嫩的羊羔。

4 燔：烤。

5 国课：国家的赋税。

春初玉树参差，冰花错落，琼台奇望，恍坐玄圃罗浮，若非黄昏月下，携琴吟赏，杯酒留连，则暗香浮动，疏影横斜之趣，何能有实际？

性不堪虚，天渊亦受鸢鱼之扰；心能会境，风尘还结烟霞之娱。

身外有身，捉麈尾矢口闲谈，真如画饼；窍中有窍，向蒲团同心究竟，方是力田[1]。

山中有三乐。薜荔[2]可衣，不羡绣裳；蕨薇可食，不贪粱肉；箕踞散发，可以逍遥。

终南当户[3]，鸡峰如碧笋左簇，退食时[4]秀色纷纷堕盘，山泉绕窗入厨，孤枕梦回，惊闻雨声也。

世上有一种痴人，所食闲茶冷饭，何名高致。

---

1 力田：努力耕田。亦泛指勤于农事。

2 薜荔：一种植物，也叫木莲。

3 终南当户：终南，即终南山，位于陕西西安以南。当户，正对着门户。

4 退食时：指归隐。

桑林麦陇，高下竞秀；风摇碧浪层层，雨过绿云绕绕。雉雊[1]春阳，鸠呼朝雨，竹篱茅舍，间以红桃白李，燕紫莺黄，寓目色相[2]，自多村家闲逸之想，令人便忘艳俗。

白云满谷，月照长空，洗足收衣，正是宴安时节。

眉公居山中，有客问山中何景最奇，曰："雨后露前，花朝雪夜。"又问何事最奇，曰："钓因鹤守，果遣猿收。"

古今我爱陶元亮，乡里人称马才子。

嗜酒好睡，往往闭门；俯仰进趋，随意所在。

霜水澄定，凡悬崖峭壁，古木垂萝，与片云纤月，一山映在波中，策杖临之，心境俱清绝。

亲不抬饭，虽大宾不宰牲；匪直戒奢侈而可久，亦将免烦劳以安身。

---

1 雉（zhì）雊（gòu）：野鸡啼叫。

2 色相：佛教术语，指事物呈现的外在形式。

饥生阳火炼阴精，食饱伤神气不升。

心苟无事，则息自调；念苟无欲，则中自守。

文章之妙：语快令人舞，语悲令人泣，语幽令人冷，语怜令人惜，语慎令人密；语怒令人按剑，语激令人投笔，语高令人入云，语低令人下石。

溪响松声，清听自远；竹冠兰佩，物色俱闲。

鄙吝一销，白云亦可赠客；渣滓尽化，明月自来照人。

存心有意无意之间，微云淡河汉；应世不即不离之法，疏雨滴梧桐。

肝胆相照，欲与天下共分秋月；意气相许，欲与天下共坐春风。

堂中设木榻四，素屏二，古琴一张，儒道佛书各数卷。乐天既来为主，仰观山，俯听水，傍睨竹树云石，自辰至酉，应接不暇。俄而物诱气和，外适内舒，一宿体宁，再宿心恬，三宿后，颓然嗒然，不知其然而然。

偶坐蒲团，纸窗上月光渐满，树影参差，所见非空非色；此时虽名衲敲门，山童且勿报也。

会心处不必在远；翳然[1]林水，便自有濠濮间想[2]，不觉鸟兽禽鱼，自来亲人。

茶欲白，墨欲黑；茶欲重，墨欲轻；茶欲新，墨欲旧。

馥[3]喷五木之香[4]，色冷冰蚕之锦。

筑风台以思避，构仙阁而入圆[5]。

客过草堂问：“何感慨而甘栖遁[6]？”余倦于对，但拈古句

---

1 翳（yì）然：形容隐蔽。

2 濠濮间想：濠，濠水，在今安徽凤阳县东北。濮，濮水，源出河南封丘县，流入山东境内。想，遐想。意思是指闲适无为、逍遥脱俗的情趣。

3 馥：浓郁。

4 五木之香：古代香的一种。

5 入圆：得道升天。

6 栖遁：隐居。

答曰:“得闲多事外，知足少年中。”问:“是何功课？”曰:“种花春扫雪，看箓[1]夜焚香。”问:“是何利养？”曰:“砚田[2]无恶岁，酒国有长春。”问:“是何还往？”曰:“有客来相访，通名是伏羲[3]。”

山居胜于城市，盖有八德：不责苛礼，不见生客，不混酒肉，不竞田产，不闻炎凉，不闹曲直，不征文逋[4]，不谈士籍。

采茶欲精，藏茶欲燥，烹茶欲洁。

茶见日而夺味，墨见日而色灰。

磨墨如病儿，把笔如壮夫。

园中不能辨奇花异石，唯一片树阴，半庭藓迹，差可会心忘形。友来，或促膝剧论，或鼓掌欢笑，或彼谈我听，或

1 箓（lù）：指封建帝王或道教的神秘文书。
2 砚田：靠笔墨为生。
3 伏羲：华夏民族人文先始，三皇之一，亦是与女娲同为福佑社稷之正神。
4 逋（bū）：指逃亡；拖欠；拖延。

彼默我喧，而宾主两忘。

尘缘割断，烦恼从何处安身；世虑潜消，清虚向此中立脚。檐前绿蕉黄葵，老少年，鸡冠花，布满阶砌。移榻对之，或枕石高眠，或捉尘清话。门外车马之尘滚滚，了不相关。

夜寒坐小室中，拥炉闲话。渴则敲冰煮茗，饥则拨火煨芋。阿衡五就，那如莘野[1]躬耕；诸葛七擒，争似南阳抱膝。

饭后黑甜[2]，日中薄醉，别是洞天；茶铛酒臼[3]，轻案绳床，寻常福地。

翠竹碧松，高僧对奕；苍苔红叶，童子煎茶。

久坐神疲，焚香仰卧；偶得佳句，即令毛颖君[4]就枕掌记，不则展转失去。

1 莘（shēn）野：隐居乡野。

2 黑甜：形容美美地睡了一大觉。

3 酒臼：酒坛。

4 毛颖君：指毛笔。

和雪嚼梅花，羡道人之铁脚；烧丹染香履，称先生之醉吟。

灯下玩花，帘内看月，雨后观景，醉里题诗，梦中闻书声，皆有别趣。

王思远扫客坐留，不若杜门；孙仲益浮白俗谈，足当洗耳。铁笛吹残，长啸数声，空山答响；胡麻饭罢，高眠一觉，茂树屯阴。

编茅为屋，叠石为阶，何处风尘可到；据梧而吟，烹茶而语，此中幽兴偏长。

皂囊白简[1]，被人描尽半生；黄帽青鞋[2]，任我逍遥一世。

清闲之人，不可惰其四肢，又须以闲人做闲事：临古人帖，温昔年书；拂几微尘，洗砚宿墨；灌园中花，扫林中叶。觉体少倦，放身匡床[3]上，暂息半晌，可也。

---

1 皂囊白简：代指密奏。皂囊，汉代大臣们上奏机密之事，都会装在皂囊之中。白简，晋代傅玄为御史中丞之时，每当有弹劾的奏章时都会手捧白简等待早朝。

2 黄帽青鞋：代指平民生活。

3 匡床：安适的床。

人之交友，不出趣味两字，有以趣胜者，有以味胜者。然宁饶于味，而无饶于趣。

待客当洁不当侈，无论不能继，亦非所以惜福。

葆真[1]莫如少思，寡过莫如省事；善应莫如收心，解谬莫如淡志。

世味浓，不求忙而忙自至；世味淡，不偷闲而闲自来。

盘餐一菜，永绝腥膻，饭僧宴客，何须六甲行厨[2]；茅屋三楹，仅蔽风雨，扫地焚香，安用数童缚帚。

以俭胜贫，贫忘；以施代侈，侈化；以省去累，累消；以逆炼心，心定。

净几明窗，一轴画，一囊琴，一只鹤，一瓯茶，一炉香，一部法帖；小园幽径，几丛花，几群鸟，几区亭，几拳石，几池水，几片闲云。

花前无烛，松叶堪焚；石畔欲眠，琴囊可枕。

---

1 葆真：永葆天真。

2 六甲行厨：动用烟火做饭。六甲，即六丁，道教中的火神。

流年不复记，但见花开为春，花落为秋；终岁无所营，唯知日出而作，日入而息。

脱巾露顶，斑文竹箨[1]之冠；倚枕焚香，半臂华山之服。

谷雨前后，为和凝汤社[2]，双井白芽，湖州紫笋，扫臼涤铛，征泉选火。以王濛为品司，卢仝为执权，李赞皇为博士，陆鸿渐为都统。聊消渴吻，敢讳水淫，差取婴汤，以供茗战。

窗前落月，户外垂萝；石畔草根，桥头树影；可立可卧，可坐可吟。

亵狎[3]易契，日流于放荡；庄厉难亲，日进于规矩。

甜苦备尝，好丢手，世味浑如嚼蜡；生死事大，急回头，年光疾于跳丸[4]。

---

1 箨（tuò）：竹笋皮。

2 汤社：聚在一起饮茶。

3 亵狎：轻慢，不庄重。

4 跳丸：抛出去的弹丸，形容时光飞逝。

若富贵由我力取，则造物无权；若毁誉随人脚根，则谗夫得志。

清事不可着迹。若衣冠必求奇古，器用必求精良，饮食必求异巧，此乃清中之浊，吾以为清事之一蠹。

吾之一身，尝有少不同壮，壮不同老；吾之身后，焉有子能肖父，孙能肖祖？如此期，必属妄想，所可尽者，唯留好样与儿孙而已。

若想钱而钱来，何故不想；若愁米而米至，人固当愁。晓起依旧贫穷，夜来徒多烦恼。

半窗一几，远兴闲思，天地何其寥阔也；清晨端起，亭午[1]高眠，胸襟何其洗涤也。

行合道义，不卜自吉；行悖道义，纵卜亦凶。人当自卜，不必问卜。

---

1 亭午：正午。

奔走于权幸之门，自视不胜其荣，人窃以为辱；经营于利名之场，操心不胜其苦，己反以为乐。

宇宙以来，有治世法，有傲世法，有维世法，有出世法，有垂世法。唐虞垂衣，商周秉钺，是谓治世；巢父洗耳，裘公瞋目，是谓傲世；首阳轻周，桐江重汉，是谓维世；青牛度关，白鹤翔云，是谓出世；若乃鲁儒一人，邹传七篇，始为垂世。

书室中修行法：心闲手懒，则观法帖，以其可逐字放置也；手闲心懒，则治迂事，以其可作可止也；心手俱闲，则写字作诗文，以其可以兼济也；心手俱懒，则坐睡，以其不强役于神也；心不甚定，宜看诗及杂短故事，以其易于见意，不滞于久也；心闲无事，宜看长篇文字，或经注，或史传，或古人文集，此又甚宜于风雨之际及寒夜也。又曰：“手冗心闲则思，心冗手闲则卧，心手俱闲，则著作书字，心手俱冗，则思早毕其事，以宁吾神。”

片时清畅，即享片时；半景幽雅，即娱半景：不必更起姑待之心。

一室经行[1]，贤于九衢奔走；六时礼佛，清于五夜朝天。

会意不求多，数幅晴光摩诘画；知心能有几，百篇野趣少陵诗。

醇醪百斛，不如一味太和之汤；良药千包，不如一服清凉之散。

闲暇时，取古人快意文章，朗朗读之，则心神超逸，须眉开张。

修净土者，自净其心，方寸居然莲界；学禅坐者，达禅之理，大地尽作蒲团。

衡门之下，有琴有书，载弹载咏，爰[2]得我娱；岂无他好，乐是幽居。

朝为灌园，夕偃蓬庐[3]。

---

1 经行：佛教术语，指信徒们为了排遣心中的郁结，在某一处来回徘徊。

2 爰：因而。

3 蓬庐：简陋的房屋。

因葺旧庐，疏渠引泉，周以花木，日哦[1]其间；故人过逢，瀹茗[2]奕棋，杯酒淋浪，其乐殆非尘中物也。

逢人不说人间事，便是人间无事人。

闲居之趣，快活有五。不与交接，免拜送之礼，一也；终日可观书鼓琴，二也；睡起随意，无有拘碍，三也；不闻炎凉嚣杂，四也；能课子耕读，五也。

虽无丝竹管弦之盛，一觞一咏，亦足以畅叙幽情。

独卧林泉，旷然自适，无利无营，少思寡欲，修身出世法也。

茅屋三间，木榻一枕，烧清香，啜苦茗，读数行书，懒倦便高卧松梧之下，或科头行吟。日常以苦茗代肉食，以松石代珍奇，以琴书代益友，以著述代功业，此亦乐事。

---

1 哦：吟咏。

2 瀹（yuè）茗：煮茶。

挟怀朴素，不乐权荣；栖迟僻陋，忽略利名；葆守恬淡，希时安宁；晏然闲居，时抚瑶琴。

人生自古七十少，前除幼年后除老。中间光景不多时，又有阴晴与烦恼。到了中秋月倍明，到了清明花更好。花前月下得高歌，急须漫把金樽倒。世上财多赚不尽，朝里官多做不了。官大钱多身转劳，落得自家头白早。请君细看眼前人，年年一分埋青草。草里多多少少坟，一年一半无人扫。

饥乃加餐，菜食美于珍味；倦然后睡，草蓐胜似重裀。

流水相忘游鱼，游鱼相忘流水，即此便是天机；太空不碍浮云，浮云不碍太空，何处别有佛性？

丹山碧水之乡，月涧云龛之品，涤烦消渴，功诚不在芝木下。

颇怀古人之风，愧无素屏之赐，则青山白云，何在非我枕屏？

江山风月，本无常主，闲者便是主人。

入室许清风，对饮唯明月。

被衲持钵，作发僧行径，以鸡鸣当檀越，以枯管当筇杖，以饭颗当祇园，以岩云野鹤当伴侣，以背锦奚奴当行脚头陀，往探六六奇峰，三三曲水。

山房置一钟，每于清晨良宵之下，用以节歌，令人朝夕清心，动念和平。李秃谓："有杂想，一击遂忘；有愁思，一撞遂扫。"知音哉！

潭涧之间，清流注泻，千岩竞秀，万壑争流，却自胸无宿物，漱清流，令人濯濯，清虚日来，非唯使人情开涤，可谓一往有深情。

林泉之浒[1]，风飘万点，清露晨流，新桐初引，萧然无事，闲扫落花，足散人怀。

浮云出岫，绝壁天悬，日月清朗，不无微云点缀。看云飞轩轩霞举，踞胡床与友人咏谑，不复滓秽太清。

---

1 浒：水边。

山房之磬，虽非绿玉沉明，轻清之韵尽可节清歌、洗俗耳。山居之乐，颇惬冷趣，煨落叶为红炉，况负暄于岩户。土鼓催梅，荻灰暖地，虽潜凛以萧索，见素柯之凌岁。同云不流，舞雪如醉，野因旷而冷舒，山以静而不晦。枯鱼在悬，浊酒已注，朋徒我从，寒盟可固，不惊岁暮于天涯，即是挟纩[1]于孤屿。

步障锦千层，氍毹[2]紫万叠，何似编叶成帏，聚茵为褥？绿阴流影清入神，香气氤氲[3]彻人骨，坐来天地一时宽，闲放风流晓清福。

送春而血泪满腮，悲秋而红颜惨目。

翠羽欲流，碧云为飏[4]。

郊中野坐，固可班荆[5]；径里闲谈，最宜拂石。侵云烟而

1 挟纩：比喻受人关怀。
2 氍（qú）毹（shū）：毛织的地毯。
3 氤氲：指烟云弥漫的样子。
4 飏（yáng）：飘扬。
5 班荆：谓朋友相遇，共坐谈心。

独冷，移开清啸胡床，藉草木以成幽，撤去庄严莲界。况乃枕琴夜奏，逸韵更扬；置局午敲，清声甚远；洵幽栖之胜事，野客之虚位也。

饮酒不可认真，认真则大醉，大醉则神魂昏乱。在《书》为“沉湎”，在《诗》为“童羖”，在《礼》为“豢豕”，在《史》为“狂药”。何如但取半酣，与风月为侣？

家鸳鸯湖滨，饶兼葭凫鹥，水月澹荡之观。客啸渔歌，风帆烟艇，虚无出没，半落几上，呼野衲而泛斜阳，无过此矣！

雨后卷帘看霁色，却疑苔影上花来。

月夜焚香，古桐三弄，便觉万虑都忘，妄想尽绝。试看香是何味，烟是何色，穿窗之白是何影，指下之余是何音，恬然乐之而悠然忘之者，是何趣，不可思量处，是何境？

贝叶之歌无碍，莲花之心不染。

河边共指星为客，花里空瞻月是卿。

人之交友，不出趣味两字，有以趣胜者，有以味胜者。然宁饶于味，而无饶于趣。

守恬淡以养道，处卑下以养德，去嗔怒以养性，薄滋味以养气。

吾本薄福人，宜行惜福事；吾本薄德人，宜行厚德事。

知天地皆逆旅，不必更求顺境；视众生皆眷属，所以转成冤家。

只宜于着意处写意，不可向真景处点景。

只愁名字有人知，涧边幽草；若问清盟谁可托，沙上闲鸥。山童率草木之性，与鹤同眠；奚奴领歌咏之情，检韵而至。闭户读书，绝胜入山修道；逢人说法，全输兀坐扪心。

砚田登大有，虽千仓珠粟，不输两税之征；文锦运机杼，纵万轴龙文，不犯九重之禁。

步明月于天衢[1]，览锦云于江阁。

幽人清课，讵但啜茗焚香；雅士高盟，不在题诗挥翰[2]。

以养花之情自养，则风情日闲；以调鹤之性自调，则真性自美。

热汤如沸，茶不胜酒；幽韵如云，酒不胜茶。茶类隐，酒类侠。酒固道广，茶亦德素。

老去自觉万缘都尽，那管人是人非；春来倘有一事关心，只在花开花谢。

是非场里，出入逍遥；顺逆境中，纵横自在。竹密何妨水过，山高不碍云飞。

口中不设雌黄，眉端不挂烦恼，可称烟火神仙；随意而栽花柳，适性以养禽鱼，此是山林经济。

---

1 天衢：天上的街道。

2 挥翰：运笔。

午睡醒来，颓然自废，身世庶几浑忘；晚炊既收，寂然无营，烟火听其更举。

花开花落春不管，拂意事休对人言；水暖水寒鱼自知，会心处还期独赏。

心地上无风涛，随在皆青山绿水；性天中有化育，触处见鱼跃鸢飞。

宠辱不惊，闲看庭前花开花落；去留无意，漫随天外云卷云舒。斗室中万虑都捐，说甚画栋飞云，珠帘卷雨；三杯后一真自得，谁知素弦横月，短笛吟风。

得趣不在多，盆池拳石间，烟霞具足；会景不在远，蓬窗竹屋下，风月自赊。

会得个中趣，五湖之烟月尽入寸衷：破得眼前机，千古之英雄都归掌握。

细雨闲开卷，微风独弄琴。

心地上无风涛，随在皆青山绿水；性天中有化育，触处见鱼跃鸢飞。

水流任意景常静，花落虽频心自闲。

残曛[1]供白醉，傲他附热之蛾；一枕余黑甜，输却分香之蝶。闲为水竹云山主，静得风花雪月权。

半幅花笺入手，剪裁就腊雪春冰；一条竹杖随身，收拾尽燕云楚水。

心与竹俱空，问是非何处安觉；貌偕松共瘦，知忧喜无由上眉。

芳菲林圃看蜂忙，觑破几多尘情世态；寂寞衡茆[2]观燕寝，发起一种冷趣幽思。

何地非真境？何物非真机？芳园半亩，便是旧金谷；流水一湾，便是小桃源。林中野鸟数声，便是一部清鼓吹；溪上闲云几片，便是一幅真画图。

---

1 残曛：落日的余光。

2 衡茆（máo）：简陋的居室。

人在病中，百念灰冷，虽有富贵，欲享不可，反羡贫贱而健者。是故人能于无事时常作病想。一切名利之心，自然扫去。

竹影入帘，蕉阴荫槛，故蒲团一卧，不知身在冰壶鲛室[1]。

万壑松涛，香柯飞颖，风来鼓飔谡谡有，秋江八月声迢递。幽岩之下，披襟当之，不知是羲皇上人。

霜降木落时，入疏林深处，坐树根上，飘飘叶点衣袖，而野鸟从梢飞来窥人。荒凉之地，殊有清旷之致。

明窗之下，罗列图史琴尊[2]以自娱。有兴则泛小舟吟啸，览古于江山之间。渚茶野酿，足以消忧；莼鲈稻蟹[3]，足以适口。又多高僧隐士，佛庙绝胜。家有园林，珍花奇石，曲沼高台，鱼鸟流连，不觉日暮。

---

1 鲛室：比喻冷清的样子。

2 尊：即樽，酒樽。

3 莼鲈稻蟹：莼菜、鲈鱼、稻米和螃蟹。

山中莳花[1]种草，足以自娱，而地朴人荒，泉石都无，丝竹绝响，奇士雅客亦不复过，未免寂寞度日。然泉石以水竹代，丝竹以莺舌蛙吹代，奇士雅客以蠹简[2]代，亦略相当。

闲中觅伴书为上，身外无求睡最安。

栽花种竹，未必果出闲人；对酒当歌，难道便称侠士？

虚堂留烛，抄书尚存老眼；有客到门，挥麈但说青山。

千人亦见，百人亦见，斯为拔萃出类之英雄三日不举火，十年不制衣，殆是乐道安贫之贤士。

帝子之望巫阳，远山过雨；王孙之别南浦，芳草连天。

室距桃源，晨名恒滋兰茝[3]；门开杜径[4]，往来唯有羊裘[5]。

---

1 莳（shì）花：栽种花草。

2 蠹简：被蠹虫毁坏的书简。

3 茝：一种散发着清香的草。

4 杜径：唐代杜甫《客至》诗云："花径不曾缘客扫，蓬门今始为君开。"

5 羊裘：古代著名的隐士羊裘公，代指隐士。

枕长林而披史，松子为飧；入丰草以投闲，蒲根可服。

一泓溪水柳分开，尽道清虚搅破；三月林光花带去，莫言香分消残。

荆扉昼掩，闲庭宴然，行云流水襟怀；隐不违亲，贞不绝俗，太山乔岳气象。

窗前独榻频移，为亲夜月；壁上一琴常挂，时拂天风。

萧斋香炉书史，酒器俱捐；北窗石枕松风，茶铛将沸。

明月可人，清风披坐，班荆问水，天涯韵士高人；下箸佐觞，品外涧毛溪蔌，主之荣也。高轩寒户，肥马嘶门，命酒呼茶，声势惊神震鬼；叠筵累几，珍奇罄地穷天，客之辱也。

贺函伯坐径山竹里，须眉皆碧；王长公龛杜鹃楼下，云母都红。

坐茂树以终日，濯清流以自洁。采于山，美可茹；钓于水，鲜可食。

年年落第，春风徒泣于迁莺；处处羁游，夜雨空悲于断雁。金壶霏润[1]，瑶管春容[2]。

菜甲[3]初长，过于酥酪。寒雨之夕，呼童摘取，佐酒夜谈，嗅其清馥之气，可涤胸中柴荆，何必纯灰三斛！

暖风春座酒，细雨夜窗棋。

秋冬之交，夜静独坐，每闻风雨潇潇，既凄然可愁，亦复悠然可喜。至酒醒灯昏之际，尤难为怀。长亭烟柳，白发犹劳，奔走可怜名利客；野店溪云，红尘不到，逍遥时有牧樵人。天之赋命实同，人之自取则异。

富贵大是能俗人之物，使吾辈当之，自可不俗；然有此不俗胸襟，自可不富贵矣。

---

1 霏润：像细雨一样慢慢滋润。

2 春容：形容乐音悠扬洪亮。

3 菜甲：蔬菜的嫩芽。

风起思莼，张季鹰之胸怀落落；春回到柳，陶渊明之兴致翩翩。然此二人，薄宦投簪[1]，吾犹嗟其太晚。

黄花红树，春不如秋；白雪青松，冬亦胜夏。春夏园林，秋冬山谷，一心无累，四季良辰。

听牧唱樵歌，洗尽五年尘土肠胃；奏繁弦急管，何如一派山水清音。

孑然一身，萧然四壁，有识者当此，虽未免以冷淡成愁，断不以寂寞生悔。

从五更枕席上参看心体，心未动，情未萌，才见本来面目；向三时饮食中谙练世味，浓不欣，淡不厌，方为切实工夫。

瓦枕石榻，得趣处下界有仙；木食草衣，随缘时西方无佛。

---

1 投簪：丢下固冠用的簪子。比喻弃官。

当乐境而不能享者，毕竟是薄福之人；当苦境而反觉甘者，方才是真修之士。

半轮新月数竿竹，千卷藏书一笺茶。

偶向水村江郭，放不系之舟；还从沙岸草桥，吹无孔之笛。

物情以常无事为欢颜，世态以善托故为巧术。

善救时，若和风之消酷暑，能脱俗，似淡月之映轻云。

廉所以惩贪，我果不贪，何必标一廉名，以来贪夫之侧目；让所以息争，我果不争，又何必立一让名，以致暴客之弯弓？

曲高每生寡和之嫌，歌唱需求同调；眉修多取入宫之妒，梳洗切莫倾城。

随缘便是遣缘，似舞蝶与飞花共适；顺事自然无事，若满月偕盆水同圆。

耳根似飙谷投响，过而不留，则是非俱谢；心境如月池浸色，空而不着，则物我两忘。

心事无不可对人语，则梦寐俱清；行事无不可使人见，则饮食俱稳。

卷六·集景

结庐松竹之间，闲云封户；徙倚青林之下，花瓣沾衣。芳草盈阶，茶烟几缕；春光满眼，黄鸟一声。此时可以诗，可以画，而正恐诗不尽言，画不尽意。而高人韵士，能以片言数语尽之者，则谓之诗可，谓之画可，则谓高人韵士之诗画亦无不可。集景第六。

花关曲折，云来不认湾头；草径幽深，落叶但敲门扇。

细草微风，两岸晚山迎短棹；垂杨残月，一江春水送行舟。

草色伴河桥，锦缆晓牵三竺雨；花阴连野寺，布帆晴挂六桥烟。

闲步畎亩[1]间，垂柳飘风，新秧翻浪；耕夫荷农器，长歌相应；牧童稚子，倒骑牛背，短笛无腔，吹之不休，大有野趣。

夜阑人静，携一童立于清溪之畔，孤鹤忽唳，鱼跃有声，清入肌骨。

垂柳小桥，纸窗竹屋，焚香燕坐，手握道书一卷。客来则寻常茶具，本色清言，日暮乃归，不知马蹄为何物。

门内有径，径欲曲；径转有屏：屏欲小；屏进有阶，阶欲

1 畎亩：田地。

平；阶畔有花，花欲鲜；花外有墙，墙欲低；墙内有松，松欲古；松底有石，石欲怪；石面有亭，亭欲朴；亭后有竹，竹欲疏；竹尽有室，室欲幽；室旁有路，路欲分；路合有桥，桥欲危；桥边有树，树欲高；树阴有草，草欲青；草上有渠，渠欲细；渠引有泉，泉欲瀑；泉去有山，山欲深：山下有屋，屋欲方；屋角有圃，圃欲宽；圃中有鹤，鹤欲舞；鹤报有客，客不俗；客至有酒，酒欲不却；酒行有醉，醉欲不归。

清晨林鸟争鸣，唤醒一枕春梦。独黄鹂百舌，抑扬高下，最可人意。

高峰入云，清流见底。两岸石壁，五色交辉，青林翠竹，四时俱备，晓雾将歇，猿鸟乱鸣；日夕欲颓，沉鳞竞跃，实欲界之仙都。自康乐[1]以来，未有能与其奇者。

曲径烟深，路接杏花酒舍；澄江日落，门通杨柳渔家。

长松怪石，去墟落不下一二十里。鸟径[2]缘崖，涉水于草

1 康乐：指南朝著名山水诗人谢灵运，他继承祖父的爵位，被封为康乐公。

2 鸟径：鸟走的山道，形容十分狭窄的小道。

莽间。数四左右，两三家相望，鸡犬之声相闻。竹篱草舍，燕处其间，兰菊艺之，霜月春风，日有余思。临水时种桃梅，儿童婢仆皆布衣短褐，以给薪水[1]，酿村酒而饮之。案有诗书、庄周、太玄、楚辞、黄庭、阴符、楞严、圆觉，数十卷而已。杖藜蹑屐[2]，往来穷谷大川，听流水，看激湍，鉴澄潭，步危桥，坐茂树，探幽壑，升高峰，不亦乐乎！

天气晴朗，步出南郊野寺，沽酒饮之。半醉半醒，携僧上雨花台，看长江一线，风帆摇曳，钟山[3]紫气，掩映黄屋[4]，景趣满前，应接不暇。

争扫一室，用博山炉爇[5]沉水香，香烟缕缕，直透心窍，最令人精神凝聚。

每登高丘，步邃谷，延留燕坐，见悬崖瀑流，寿木垂萝，闷[6]邃岑寂之处，终日忘返。

---

1 薪水：打柴、汲水。

2 杖藜蹑屐：拄着杖藜，穿着木屐。

3 钟山：即紫金山。

4 黄屋：宫殿。

5 爇：点燃。

6 闷（bì）：通“闭”，此处指幽静。

每遇胜日有好怀，袖手哦古人诗足矣。青山秀水，到眼即可舒啸，何必居篱落下，然后为己物？

柴门不扃，筠帘半卷，梁间紫燕，呢呢喃喃，飞出飞入。山人以啸咏佐之，皆各适其性。风晨月夕，客去后，蒲团可以双跏[1]；烟岛云林，兴来时，竹杖何妨独往。

三径竹间，日华澹澹，固野客之良辰；一偏窗下，风雨潇潇，亦幽人之好景。

乔松十数株，修竹千余竿；青萝为墙垣，白石为鸟道；流水周于舍下，飞泉落于檐间；绿柳白莲，罗生池砌；时居其中，无不快心。

人冷因花寂，湖虚受雨喧。

有屋数间，有田数亩。用盆为池，以瓮为牖，墙高于肩，室大于斗。布被暖余，藜羹饱后。气吐胸中，充塞宇宙，笔落人间，辉映琼玖。人能知止，以退为茂。我自不出，何退

1 跏：佛教徒修行的一种坐法。盘腿而坐，脚背放在股上。

中庭蕙草销雪，小苑梨花梦云。

之有？心无妄想，足无妄走，人无妄交，物无妄受。炎炎论之，甘处其陋。绰绰言之，无出其右。羲轩之书，未尝去手，尧舜之谈，未尝离口。谭中和天，同乐易友，吟自在诗，饮欢喜酒。百年升平，不为不偶，七十康彊，不为不寿。

中庭蕙草销雪，小苑梨花梦云。

以江湖相期，烟霞相许；付同心之雅会，托意气之良游。或闭户读书，累月不出；或登山玩水，竟日忘归。斯贤达之素交，盖千秋之一遇。

荫映岩流之际，偃息琴书之侧，寄心松竹，取乐鱼鸟，则淡消之愿，于是毕矣。

庭前幽花时发，披览既倦，每啜茗对之，香色撩人，吟思忽起，遂歌一古诗，以适清兴。

凡静室，须前栽碧梧，后种翠竹，前檐放步，北用暗窗，春冬闭之，以避风雨，夏秋可开，以通凉爽。然碧梧之趣，春冬落叶，以舒负暄融和之乐；夏秋交荫，以蔽炎烁[1]蒸烈之

1 炎烁：灼热。

威，四时得宜，莫此为胜。

家有三亩园，花木郁郁。客来煮茗，谈上都贵游，人间可喜事，或茗寒酒冷，宾主相忘，其居与山谷相望，暇则步草径相寻。

良辰美景，春暖秋凉。负杖蹑履，逍遥自乐。临池观鱼，披林听鸟；酌酒一杯，弹琴一曲；求数刻之乐，庶几居常以待终。筑室数楹，编槿为篱，结茅为亭。以三亩荫竹树栽花果，二亩种蔬菜，四壁清旷，空诸所有，蓄山童灌园薙草，置二三胡床着亭下，挟书剑以伴孤寂，携琴奕以迟良友，此亦可以娱老。

一径阴开，势隐蛇蟺[1]之致，云到成迷；半阁孤悬，影回缥缈之观，星临可摘。

几分春色，全凭狂花疏柳安排；一派秋容，总是红蓼[2]白蘋妆点。

1 蛇蟺：即蛇与黄鳝。

2 红蓼：蓼的一种。多生水边，花呈淡红色。

南湖水落，妆台之明月犹悬；西廓烟销，绣榻之彩云不散。秋竹沙中淡，寒山寺里深。

野旷天低树，江清月近人。

潭水寒生月，松风夜带秋。

春山艳冶如笑，夏山苍翠如滴，秋山明净如妆，冬山惨淡如睡。

眇眇[1]乎春山，澹冶而欲笑，翔翔乎空丝，绰约而自飞。

盛暑持蒲，榻铺竹下，卧读《骚》《经》[2]，树影筛风，浓阴蔽日，丛竹蝉声，远远相续，蘧然入梦，醒来命取榧栉发，汲石涧流泉，烹云芽一啜，觉两腋生风。徐步草玄亭，芰荷出水，风送清香，鱼戏冷泉，凌波跳掷。因涉东皋[3]之上，四望溪山罨画[4]，平野苍翠。激气发于林瀑，好风送之水涯，手

1 眇眇：形容高远的样子。

2《骚》《经》:《离骚》《诗经》。

3 东皋：东面的高地。

4 罨（yǎn）画：颜色驳杂的图画。

挥麈尾，清兴洒然。不待法雨凉雪，使人火宅之念都冷。

山曲小房，入园窈窕幽径，绿玉万竿。中汇涧水为曲池，环池竹树云石，其后平冈逶迤，古松鳞鬣[1]，松下皆灌丛杂木，茑萝骈织，亭榭翼然。夜半鹤唳清远，恍如宿花坞间，闻哀猿啼啸，嘹呖惊霜，初不辨其为城市为山林也。

一抹万家，烟横树色，翠树欲流，浅深间布，心目竞观，神情爽涤。

万里澄空，千峰开霁，山色如黛，风气如秋，浓阴如幕，烟光如缕，笛响如鹤唳，经飓如咿唔[2]，温言如春絮，冷语如寒冰，此景不应虚掷。

山房置古琴一张，质虽非紫琼绿玉，响不在焦尾号钟[3]，置之石床，快作数弄。深山无人，水流花开，清绝冷绝。

密作轶云，长林蔽日，浅翠娇青，笼烟惹湿，构数椽其

1 鳞鬣（liè）：龙身上的鳞片。

2 咿唔：咿呀学语。

3 焦尾号钟：古代的两架名琴，分别属于蔡邕和齐桓公。

间，竹树为篱，不复葺垣。中有一泓流水，清可漱齿，曲可流觞，放歌其间，离披蒨郁，神涤意闲。

抱影寒窗，霜夜不寐，徘徊松竹下。四山月白露坠，冰柯相与，咏李白《静夜思》，便觉冷然。寒风就寝，复坐蒲团，从松端看月，煮茗佐谈，竟此夜乐。

云晴叆叇[1]，石楚流滋，狂飙忽卷，珠雨淋漓。黄昏孤灯明灭，山房清旷，意自悠然。夜半松涛惊飓，蕉园鸣琅，窾坎之声，疏密间发，愁乐交集，足写幽怀。

四林皆雪，登眺时见絮起风中，千峰堆玉，鸦翻城角，万壑铺银。无树飘花，片片绘子瞻之壁[2]；不妆散粉，点点糁原宪之羹[3]。飞霰入林，回风折竹，徘徊凝览，以发奇思。画冒雪出云之势，呼松醪茗饮之景。拥炉煨芋，欣然一饱，随作雪景一幅，以寄僧赏。

1 叆（ài）叇（dài）：云彩遮住太阳的样子。

2 子瞻之壁：即苏轼，字子瞻，曾作《念奴娇·赤壁怀古》，其中有“乱石穿空，惊涛拍岸，卷起千堆雪”之词句。

3 原宪之羹：原宪，孔子的弟子，虽然贫穷但不追求名利，安贫乐道。

孤帆落照中，见青山映带，征鸿回渚，争栖竞啄，宿水鸣云，声凄夜月，秋飙萧瑟，听之黯然，遂使一夜西风，寒生露白。万山深处，一泓涧水，四周削壁，石磴崭岩，丛木蓊郁，老猿穴其中，古松屈曲，高拂云巅，鹤来时栖其顶。每晴初霜旦，林寒涧肃，高猿长啸，属引清风，风声鹤唳，嘹呖[1]惊霜，闻之令人凄绝。

春雨初霁，园林如洗，开扉闲望，见绿畴麦浪层层，与湖头烟水相映带，一派苍翠之色，或从树杪流来，或自溪边吐出。支筇[2]散步，觉数十年尘土肺肠，俱为洗净。

四月有新笋、新茶、新寒豆、新含桃，绿阴一片，黄鸟数声，乍晴乍雨，不暖不寒，坐间非雅非俗，半醉半醒，尔时如从鹤背飞下耳。

名从刻行，源分渭亩之云[3]；倦以据梧，清梦郁林之石。

夕阳林际，蕉叶堕而鹿眠；点雪炉头，茶烟飘而鹤避。

---

1 呖：拟声词。鸟清脆的叫声。

2 筇（qióng）：一种竹子。

3 渭亩之云：如同云彩一样繁多密集的竹林。

高堂客散，虚户风来，门设不关，帘钩欲下。横轩有狻猊[1]之鼎，隐几皆龙马之文，流览霄端，寓观濠上。

山经秋而转淡，秋入山而倍清。

山居有四法：树无行次，石无位置，屋无宏肆，心无机事。

花有喜、怒、寤、寐、晓、夕，浴花者得其候，乃为膏雨[2]。淡云薄日，夕阳佳月，花之晓也；狂号连雨，烈焰浓寒，花之夕也；檀唇[3]烘日，媚体藏风，花之喜也；晕酣神敛，烟色迷离，花之愁也；欹枝困槛，如不胜风，花之梦也；嫣然流盼，光华溢目，花之醒也。

海山微茫而隐见，江山严厉而峭卓，溪山窈窕而幽深，塞山童赪而堆阜。桂林之山，绵衍庞博；江南之山，峻峭巧丽。山之形色，不同如此。

---

1 狻（suān）猊（ní）：似狮子的猛兽。

2 膏雨：即甘霖。

3 檀唇：指美人的红唇。

杜门避影出山，一事不到，梦寐间春昼花阴，猿鹤饱卧，亦五云之余荫。

白云徘徊，终日不去。岩泉一支，潺湲斋中。春之昼，秋之夕，既清且幽，大得隐者之乐，唯恐一日移去。

与衲子辈坐林石上，谈因果，说公案。久之，松际月来，振衣而起，踏树影而归，此日便是虚度。

结庐人径，植杖山阿，林壑地之所丰，烟霞性之所适，荫丹桂，藉白茅，浊酒一杯，清琴数弄，诚足乐也。

辋水[1]沦涟，与月上下。寒山远火，明灭林外。深巷小犬，吠声如豹。村虚夜舂，复与疏钟相间，此时独坐，童仆静默。

东风开柳眼，黄鸟骂桃奴[2]。

晴雪长松，开窗独坐，恍如身在冰壶；斜阳芳草，携杖

1 辋水：即辋川。

2 桃奴：桃枭的别称。

闲吟，信是人行图画。

小窗下修篁[1]萧瑟，野鸟悲啼；峭壁间醉墨淋漓，山灵呵护。霜林之红树，秋水之白蘋。

云收便悠然共游，雨滴便冷然俱清；鸟啼便欣然有会，花落便洒然有得。

千竿修竹，周遭半亩方塘；一片白云，遮蔽五株柳垂。

山馆秋深，野鹤唳残清夜月；江园春暮，杜鹃啼断落花风。青山非僧不致，绿水无舟更幽；朱门有客方尊，缁衣绝粮益韵。

杏花疏雨，杨柳轻风，兴到欣然独往；村落烟横，沙滩月印，歌残倏尔言旋。

赏花酣酒，酒浮园菊片三盏，睡醒问月，月到庭梧第二枝。此时此兴，亦复不浅。

1 修篁：修竹。

几点飞鸦，归来绿树；一行征雁，界破青天。

看山雨后，霁色一新，便觉青山倍秀；玩月江中，波光千顷，顿令明月增辉。

楼台落日，山川出云。

玉树之长廊半阴，金陵之倒景犹赤。

小窗偃卧，月影到床，或逗留于梧桐，或摇乱于杨柳；翠华扑被，神骨俱仙。及从竹里流来，如自苍云吐出。

清送素蛾之环佩，逸移幽士之羽裳。想思足慰于故人，清啸自纡[1]于良夜。

绘雪者，不能绘其清；绘月者，不能绘其明；绘花者，不能绘其香；绘风者，不能绘其声；绘人者，不能绘其情。

读书宜楼，其快有五：无剥啄之惊，一快也；可远眺，二

1 纡（yū）：苦闷。

快也；无湿气浸床，三快也；木末竹颠，与鸟交语，四快也；云霞宿高檐，五快也。

山径幽深，十里长松引路，不倩[1]金张；俗态纠缠，一编残卷疗人，何须卢扁。

喜方外之浩荡，叹人间之窘束。逢阆苑[2]之逸客，值蓬莱之故人。

忽据梧而策杖，亦披裘而负薪。菊花两岸，松声一丘。叶动猿来，花惊鸟去。阅丘壑之新趣，纵江湖之旧心。

出芝田而计亩，入桃源而问津。

篱边杖履送僧，花须列于巾角；石上壶觞坐客，松子落我衣裾。

远山宜秋，近山宜春，高山宜雪，平山宜月。

---

1 倩：借助。

2 阆苑：指宫苑。

抟犀截雁之舌锋，逐日追风之脚力。

珠帘蔽月，翻窥窈窕之花；绮幔藏云，恐碍扶疏之柳。

松子为餐，蒲根可服。

烟霞润色，荃荑结芳。出涧幽而泉冽，入山户而松凉。

旭日始暖，蕙草可织；园桃红点，流水碧色。

玩[1]飞花之度窗，看春风之入柳；命丽人于玉席，陈宝器于纨罗，忽翔飞而暂隐，时凌空而更飏。竹依窗而庭影，兰因风而送香。风暂下而将飘，烟才高而不暝。

悠扬绿柳，讶合浦之同归；缭绕青霄，环五星之一气。

缛绣[2]起于缇纺，烟霞生于灌莽。

1 玩：玩赏。

2 缛绣：锦褥绣被。

卷七·集韵

人生斯世，不能读尽天下秘书灵笈。有目而昧，有口而哑，有耳而聋，而面上三斗俗尘，何时扫去？则“韵”之一字，其世人对症之药乎？虽然，今世且有焚香啜茗，清凉在口，尘俗在心，俨然自附于韵，亦何异三家村老妪，动口念阿弥，便云升天成佛也。集韵第七。

陈慥家蓄数姬，每日晚，藏花一枝，使诸姬射覆，中者留宿，时号“花媒”。

雪后寻梅，霜前访菊；雨际护兰，风外听竹。

清斋幽闭，时时暮雨打梨花；冷句忽来，字字秋风吹木叶。

多方分别，是非之窦易开；一味圆融，人我之见不立。

春云宜山，夏云宜树，秋云宜水，冬云宜野。

清疏畅快，月色最称风光；潇洒风流，花情何如柳态。

春夜小窗兀坐，月上木兰有骨，凌冰怀人如玉。因想“雪满山中高士卧，月明林下美人来”语，此际光景颇似。

文房供具，借以快目适玩，铺叠如市，颇损雅趣，其点缀之法，罗罗清疏，方能得致。

香令人幽，酒令人远，茶令人爽，琴令人寂，棋令人闲，剑令人侠，杖令人轻，麈[1]令人雅，月令人清，竹令人冷，花令人韵，石令人隽，雪令人旷，僧令人淡，蒲团令人野，美人令人怜，山水令人奇，书史令人博，金石鼎彝令人古。

吾斋之中，不尚虚礼，凡入此斋，均为知己。随分款留，忘形笑语，不言是非，不侈荣利，闲谈古今，静玩山水，清茶好酒，以适幽趣，臭味之交，如斯而已。

窗宜竹雨声，亭宜松风声，几宜洗砚声，榻宜翻书声，月宜琴声，雪宜茶声，春宜筝声，秋宜笛声，夜宜砧声。

鸡坛[2]可以益学，鹤阵可以善兵。

翻经如壁观僧，饮酒如醉道士，横琴如黄葛野人[3]，肃客如碧桃渔父。

竹径款扉，柳阴班席。每当雄才之处，明月停辉，浮云驻影。退而与诸俊髦西湖靓媚，赖此英雄，一洗粉泽。

1 麈（zhǔ）：古书上指鹿一类的动物，尾巴可以制拂尘。

2 鸡坛：朋友结盟。

3 黄葛野人：指隐士。

云林[1]性嗜茶，在惠山中，用核桃、松子肉和白糖，成小块，如石子，置茶中，出以啖客，名曰“清泉白石”。

有花皆刺眼，无月便攒眉，当场得无妒我；花归三寸管，月代五更灯，此事何可语人？

求校书于女史，论慷慨于青搂。

填不满贪海，攻不破疑城。

机息便有月到，风来不必苦海。人世心远，自无车尘马迹，何须痼疾丘山？

郊中野坐，固可班荆；径里闲谈，最宜拂石。侵云烟而独冷，移开清笑胡床，借竹木以成幽，撤去庄严莲坐。

幽心人似梅花，韵心士同杨柳。

情因年少，酒因境多。

1 云林：元代画家倪瓒的别号。

看书筑得村楼，空山曲抱；跌坐扫来花径，乱水斜穿。

倦时呼鹤舞，醉后倩僧扶。

笔床茶灶不巾栉，闭户潜夫，实轴牙签，少须眉下帷董子。鸟衔幽梦远，只在数尺窗纱；蛩[1]递秋声悄，无言一龛灯火。借草班荆，安稳林泉之穸[2]；披裘拾穗，逍遥草泽之曜[3]。

万绿阴中，小亭避暑，八闼洞开，几簟皆绿。雨过蝉声来，花气令人醉。

抟犀[4]截雁之舌锋，逐日追风之脚力。

瘦影疏而漏月，香阴聚而堕风。

修竹到门云里寺，流水入袖水中人。

1 蛩：古指蟋蟀。

2 穸（xī）：隐暗处。

3 曜（yào）：照耀。

4 抟（zhuān）犀：喻指处事有才干。

诗题半作逃禅偈，酒价都为买药钱。

扫石月盈帚，滤泉花满筛。

流水有方能出世，名山如药可轻身。

与梅同瘦，与竹同清，与柳同眠，与桃李同笑，居然花里神仙；与莺同声，与燕同语，与鹤同唳，与鹦鹉同言，如此话中知己。

栽花种竹，全凭诗格取裁；听鸟观鱼，要在酒情打点。

登山遇厉瘴，放艇遇腥风，抹竹[1]遇缪丝[2]，修花遇酲雾[3]，欢场遇害马，吟席遇伧夫[4]，若斯不遇，甚于泥涂。偶集逢好花，踏歌逢明月，席地逢软草，攀磴逢疏藤，展卷逢静云，战茗逢新雨，如此相逢，逾于知己。

---

1 抹竹：演奏弦乐器。

2 缪丝：缠结的琴弦。

3 酲（chéng）雾：朦胧的雾。

4 伧（cāng）夫：泛指粗俗、鄙贱之人。

草色遍溪桥，醉得蜻蜓春翅软；花风通驿路，迷来蝴蝶晓魂香。

田舍儿强作馨语，博得俗因；风月场插入伧父，便成恶趣。诗瘦到门邻病鹤，清影颇嘉；书贫经座并寒蝉，雄风顿挫。梅花入夜影萧疏，顿令月瘦，柳絮当空晴恍忽，偏惹风狂。花阴流影，散为半院舞衣；水响飞音，听来一溪歌板。

萍花香里风清，几度渔歌；杨柳影中月冷，数声牛笛。

谢将缥缈无归处，断浦沉云；行到纷纭不系时，空山挂雨。浑如花醉，潦倒何妨，绝胜柳狂，风流自赏。

春光浓似酒，花故醉人，夜色澄如水，月来洗俗。

雨打梨花深闭门，怎生消遣；分付梅花自主张，着甚牢骚？对酒当歌，四座好风随月到；脱巾露顶，一楼新雨带云来。浣花溪内，洗十年游子衣尘；修木林中，定四海良朋交籍。人语亦语，诋其昧于钳口；人默亦默，訾[1]其短于雌黄。

---

1 訾（zǐ）：毁谤，非议。

艳阳天气，是花皆堪酿酒，绿阴深处，凡叶尽可题诗。

曲沼荇香侵月，未许鱼窥；幽关松冷巢云，不劳鹤伴。

篇诗斗酒，何殊太白之丹丘，扣舷吹箫，好继东坡之赤壁。获佳文易，获文友难；获文友易，获文姬难。

茶中着料，碗中着果，譬如玉貌加脂，蛾眉着黛，翻累本色。煎茶非漫浪，要须人品与茶相得，故其法往往传于高流隐逸，有烟霞泉石磊落胸次者。

楼前桐叶，散为一院清阴；枕上鸟声，唤起半窗红日。

天然文锦，浪吹花港之鱼；自在笙簧[1]，风戛园林之竹。

高士流连花木，添清疏之致：幽人剥啄[2]莓苔，生暗淡之光。

---

1 笙簧：指笙的乐音。

2 剥啄：形容轻轻敲门等的声音。

松涧边携杖独往，立处云生破衲；竹窗下枕书高卧，觉时月浸寒毡。

散履闲行，野鸟忘机时作伴；披襟兀坐，白云无语谩相留。客到茶烟起竹下，何嫌展破苍苔；诗成笔影弄花间，且喜歌飞《白雪》。

月有意而入窗，云无心而出岫。

屏绝外慕，偃息长林，置理乱于不闻，托清闲而自佚。松轩竹坞，酒瓮茶铛，山月溪云，农蓑渔罟[1]。

怪石为实友，名琴为和友，好书为益友，奇画为观友，法帖为范友，良砚为砺友，宝镜为明友，净几为方友，古磁为虚友，旧炉为熏友，纸帐为素友，拂麈为静友。

扫径迎清风，登台邀明月。琴觞之余，间以歌咏，止许鸟语花香，来吾几榻耳。

---

1 渔罟（gǔ）：鱼网。

风波尘俗，不到意中，云水淡情，常来想外。

纸帐梅花，休惊他三春清梦；笔床茶灶，可了我半日浮生。酒浇清苦月，诗慰寂寥花。

好梦乍回，沉心未烬，风雨如晦，竹响入床，此时兴复不浅。山非高峻不佳，不远城市不佳，不近林木不佳，无流泉不佳，无寺观不佳，无云雾不佳，无樵牧不佳。

一室十圭[1]，寒蛩声喑，折脚铛边，敲石无火，水月在轩，灯魂未灭，揽衣独坐，如游皇古[2]意思。

虚闲世界，清净我身我心，了不可取，此一境界，名最第一。花枝送客，蛙催竹簌喧，林鸟报更，谓山史宝録。

遇月夜，露坐中庭，心爇香一炷，可号“伴月香”。

襟韵洒落如晴雪，秋月尘埃不可犯。

---

1 一室十圭：指空间狭小。

2 皇古：远古时候。

峰峦窈窕，一拳便是名山，花竹扶疏，半亩如同金谷。

观山水亦如读书，随其见趣高下。

名利场中，羽客人人输蔡泽一筹；烟花队里，仙流个个让焕之独步。

深山高居，炉香不可缺。取老松柏之根枝实叶共捣治之，研风昉[1]羼和[2]之，每焚一丸，亦足助清苦。

白日羲皇世，青山绮皓心。

松声，涧声，山禽声，夜虫声，鹤声，琴声，棋子落声，雨滴阶声，雪洒窗声，煎茶声，皆声之至清，而读书声为最。

晓起入山，新流没岸；棋声未尽，石磬依然。

松声竹韵，不浓不淡。

1 风昉：枫树树脂。

2 羼（chàn）和：搅拌。

何必丝与竹，山水有清音。

世路中人，或图功名，或治生产，尽自正经。争奈天地间，好风月、好山水、好书籍，了不相涉，岂非枉却一生！

李岩老好睡。众人食罢下棋，岩老辄就枕，阅数局乃一展转，云："我始一局，君几局矣？"

晚登秀江亭，澄波古木，使人得意于尘埃之外，盖人闲景幽，两相奇绝耳。

笔砚精良，人生一乐，徒设只觉村妆；琴瑟在御，莫不静好，才陈便得天趣。

《蔡中郎传》，情思逶迤；《北西厢记》，兴致流丽。学他描神写景，必先细味沉吟，如曰寄趣本头，空博风流种子。

夜长无赖，徘徊蕉雨半窗；日永多闲，打叠桐阴一院。

雨穿寒砌[1]，夜来滴破愁心；雪洒虚窗，晓去散开清影。

---

1 寒砌：冰冷的台阶。

春夜宜苦吟，宜焚香读书，宜与老僧说法，以销艳思；夏夜宜闲谈，宜临水枯坐，宜听松声冷韵，以涤烦襟；秋夜宜豪游，宜访快士，宜谈兵说剑，以除萧瑟；冬夜宜茗战，宜酌酒说《三国》《水浒》《金瓶梅》诸集，宜箸竹肉，以破孤岑。

玉之在璞，追琢则珪璋[1]；水之发源，疏浚则川沼。

山以虚而受，水以实而流，读书当作如是观。

古之君子，行无友，则友松竹；居无友，则友云山。余无友，则友古之友松竹、友云山者。

买舟载书，作无名钓徒。每当草蓑月冷，铁笛双清，觉张志和、陆天随去人未远。

“今日鬓丝禅榻畔，茶烟轻飏落花风。”此趣唯白香山[2]得之。清姿如卧云餐雪，天地尽愧其尘污；雅致如蕴玉含珠，

1 珪（guī）璋（zhāng）：玉制的礼器。

2 白香山：香山居士，即白居易。

旦起理花，午窗剪茶，或截草作字，夜卧忏罪，
令一日风流萧散之过，不致堕落。

日月转嫌其泄露。

焚香啜茗，自是吴中习气，雨窗却不可少。

茶取色臭俱佳，行家偏嫌味苦；香须冲淡为雅，幽人最忌烟浓。

朱明之候[1]，绿阴满林，科头散发，箕踞白眼，坐长松下，萧骚流觞，正是宜人疏散之场。

读书夜坐，钟声远闻，梵响相和，从林端来，洒洒窗几上，化作天籁虚无矣。

夏日蝉声太烦，则弄箫随其韵转，秋冬夜声寥飒，则操琴一曲咻之。

心清鉴底潇湘月，骨冷禅中太华秋。

语鸟名花，供四时之吟啸，清泉白石，成一世之幽怀。

---

1 朱明之候：指夏季。

扫石烹泉，舌底嘲嘲茶味；开窗染翰，眼前处处诗题。

权轻势去，何妨张雀罗于门前；位高金多，自当效蛇行于郊外。盖炎凉世态，本是常情，故人所浩叹，唯宜付之冷笑耳。

溪畔轻风，沙汀印月，独往闲行，尝喜见渔家笑傲；松花酿酒，春水煎茶，甘心藏拙，不复问人世兴衰。

手抚长松，仰视白云，庭空鸟语，悠然自欣。

或夕阳篱落，或明月帘栊，或雨夜联榻，或竹下传觞，或青山当户，或白云可庭。于斯时也，把臂促膝，相知几人，谑语雄谈，快心千古。

疏帘清簟，销白昼，唯有棋声；幽径柴门，印苍苔，只容屐齿[1]。

落花慵扫，留衬苍苔，村酿新刍，取烧红叶。

1 屐齿：指足迹。

幽径苍苔，杜门谢客，绿阴清昼，脱帽观诗。

烟萝挂月，静听猿啼，瀑布飞虹，闲观鹤浴。

帘卷八窗，面面云峰送碧；塘开半亩，潇潇烟水涵清。

云衲高僧，泛水登山，或可借以点缀；如必莲座说法，则诗酒之间，自有禅趣，不敢学苦行头佗，以作死灰。

遨游仙子，寒云几片束行妆，高卧幽人，明月半床供枕簟[1]。落落者难合，一合便不可分，欣欣者易亲，乍亲忽然成怨。故君子之处世也，宁风霜自挟，无鱼鸟亲人。

海内殷勤，但读《停云》之赋；目中寥廓，徒歌《明月》之诗。

生平愿无恙者四：一曰青山，一曰故人，一曰藏书，一曰名草。

---

1 枕簟：枕席，指卧具。

闻暖语如挟纩[1]，闻冷语如饮冰，闻重语如负山，闻危语如压卵，闻温语如佩玉，闻益语如赠金。

旦起理花，午窗剪茶，或截草作字，夜卧忏罪，令一日风流潇散之过，不致堕落。

快欲之事，无如饥餐；适情之时，莫过甘寝。求多于情欲，即侈汰亦茫然也。

客来花外茗烟低，共销白昼；酒到梁间歌雪绕，不负清尊。

云随羽客，在琼台双关之间；鹤唳芝田，正桐阴灵虚之上。

1 挟纩：披着棉衣。

卷八·集奇

我辈寂处窗下，视一切人世，俱若蠛蠓[1]婴丑，不堪寓目。而有一奇文怪说，目数行下，便狂呼叫绝，令人喜，令人怒，更令人悲，低回数过，床头短剑亦呜呜作龙虎吟，便觉人世一切不平，俱付烟水。集奇第八。

1 蠛（miè）蠓（měng）：昆虫，比蚊子小，褐色或黑色。

吕圣公之不问朝士名，张师高之不发窃器奴，韩稚圭之不易持烛兵，不独雅量过人，正是用世高手。

花看水影，竹看月影，美人看帘影。

佞佛若可忏罪，则刑官无权；寻仙若可延年，则上帝无主。达士尽其在我，至诚贵于自然。

以货财害子孙，不必操戈入室；以学校杀后世，有如按剑伏兵。

君子不傲人以不如，不疑人以不肖[1]。

读诸葛武侯《出师表》而不堕泪者，其人必不忠；读韩退之《祭十二郎文》而不堕泪者，其人必不友。

世味非不浓艳，可以淡然处之。独天下之伟人与奇物，幸一见之，自不觉魄动心惊。

1 不肖：指品行不佳。

道上红尘，江中白浪，饶他南面百城；花间明月，松下凉风，输我北窗一枕。

立言亦何容易，必有包天、包地、包千古、包来今之识；必有惊天、惊地、惊千古、惊来今之才；必有破天、破地、破千古、破来今之胆。

圣贤为骨，英雄为胆，日月为目，霹雳为舌。

瀑布天落，其喷也珠，其泻也练，其响也琴。

平易近人，会见神仙济度；瞒心昧己，便有邪祟出来。

佳人飞去还奔月，骚客狂来欲上天。

涯如沙聚，响若潮吞。

诗书乃圣贤之供案，妻妾乃屋漏之史官。

强项者未必为穷之路，屈膝者未必为通之媒。故铜头铁面，君子落得做个君子；奴颜婢膝，小人枉自做了小人。

有仙骨者，月亦能飞；无真气者，形终如槁。

一世穷根，种在一捻傲骨；千古笑端，伏于几个残牙。

石怪常疑虎，云闲却类僧。

大豪杰，舍己为人；小丈夫，因人利己。

一段世情，全凭冷眼觑破；几番幽趣，半从热肠换来。

识尽世间好人，读尽世间好书，看尽世间好山水。

舌头无骨，得言句之总持[1]；眼里有筋，具游戏之三昧。

群居闭口，独坐防心。

当场傀儡，还我为之；大地众生，任渠笑骂。

三徙成名，笑范蠡碌碌浮生，纵扁舟，忘却五湖风月；

---

1 总持：佛教语，指坚守立场。

一朝解绶，羡渊明飘飘遗世，命巾车，归来满哭琴书。

人生不得行胸怀，虽寿百岁，犹夭也。

棋能避世，睡能忘世。棋类耦耕[1]之沮溺，去一不可；睡同御风之列子，独往独来。

以一石一树与人者，非佳子弟。

一勺水，便具四海水味，世法不必尽尝；千江月，总是一轮月光，心珠宜当独朗。

面上扫开十层甲，眉目才无可憎；胸中涤去数斗尘，语言方觉有味。

愁非一种，春愁则天愁地愁；怨有千般，闺怨则人怨鬼怨。天懒云沉，雨昏花蹙[2]，法界岂少愁云；石颓山瘦，水枯木落，大地觉多窘况。

1 耦耕：指务农。

2 蹙（cù）：皱。

笋含禅味，喜坡仙玉版之参；石结清盟，受米颠袍笏[1]之辱。文如临画，曾致诮于昔人；诗类书抄，竟沿流于今日。

缃绨[2]递满而改头换面，兹律既湮；缥帙[3]动盈而活剥生吞，斯风亦坠。先读经，后可读史；非作文，未可作诗。

俗气入骨，即吞刀刮肠，饮灰洗胃，觉俗态之益呈；正气效灵，即刀锯在前，鼎镬[4]具后，见英风之益露。

于琴得道机，于棋得兵机，于卦得神机，于兰得仙机。

相禅遐思唐虞，战争大笑楚汉，梦中蕉鹿犹真，觉后莼鲈一幻。

世界极于大千，不知大千之外更有何物；天宫极于非想，亦知非想之上毕竟何穷。

---

1 袍（páo）笏（hù）：身穿官服。

2 缃（xiāng）绨（tì）：指书册。

3 缥帙（zhì）：淡青色的书衣。亦指书卷。

4 鼎镬（huò）：古代的酷刑。用鼎镬烹人。

识尽世间好人，读尽世间好书，看尽世间好山水。

千载奇逢，无如好书良友；一生清福，只在茗碗炉烟。

作梦则天地亦不醒，何论文章？为客则洪濛[1]无主人，何有章句？

艳出浦之轻莲，丽穿波之半月。

云气恍堆窗里岫，绝胜看山；泉声疑泻竹间樽，贤于对酒。杖底唯云，囊中唯月，不劳关市之讥；石笥藏书，池塘洗墨，岂供山泽之税？

有此世界，必不可无此传奇；有此传奇，乃可维此世界，则传奇所关非小，正可借口《西厢》一卷，以为风流谈资。

非穷愁不能著书，当孤愤不宜说剑。

湖山之佳，无如清晓春时。当乘月至馆，景生残夜，水映岑楼，而翠黛临阶，吹流衣袂[2]，莺声鸟韵，催起哄然。披

1 洪濛：指天地形成前的混沌状态。

2 衣袂：衣袖。

衣步林中，则曙光薄户，明霞射几，轻风微散，海旭乍来。见沿堤春草霏霏，明媚如织，远岫[1]朗润出林，长江浩渺无涯，岚光晴气，舒卷不一，大是奇绝。

心无机事，案有好书，饱食晏眠，时清体健，此是上界真人。读《春秋》，在人事上见天理；读《周易》，在天理上见人事。

则何益矣，茗战有如酒兵；试妄言之，谈空不若说鬼。

镜花水月，若使慧眼看透；笔彩剑光，肯教壮志销磨。

烈士须一剑，则芙蓉赤精，二不惜千金购之。士人唯寸管，映日干云之气，那得不重价相索。

委形无寄，但教鹿豕为群；壮志有怀，莫遣草木同朽。

哄日吐霞，吞河漱月，气开地震，声动天发。

---

1 远岫：远处的峰峦。

议论先辈，毕竟没学问之人；奖惜后生，定然关世道之寄。贫富之交，可以情谅，鲍子所以让金；贵贱之间，易以势移，管宁所以割席。

论名节，则缓急之事小；较生死，则名节之论微。但知为饿夫以采南山之薇，不必为枯鱼以需西江之水。

儒有一亩之宫，自不妨草茅下贱；士无三寸之舌，何用此土木形骸？

鹏为羽杰，鲲称介豪，翼遮半天，背负重霄。

“怜”之一字，吾不乐受，盖有才而徒受人怜，无用可知；“傲”之一字，吾不敢矜，盖有才而徒以资傲，无用可知。

问近日讲章孰佳，坐一块蒲团自佳；问吾济严师孰尊，对一枝红烛自尊。

点破无稽不根之论，只须冷语半言；看透阴阳颠倒之行，唯此冷眼一只。

古之钓也，以圣贤为竿，道德为纶，仁义为钩，利禄为饵，四海为池，万民为鱼。钓道微矣，非圣人其孰能之？

既稍云于清汉，亦倒影于华池。

浮云回度，开月影而弯环；骤雨横飞，挟星精而摇动。

天台磔起，绕之以赤霞；赤城孤峙，覆之以莲花。

金河别雁，铜柱辞鸢，关山天骨，霜木凋年。

翻光倒影，擢菡萏[1]于湖中；舒艳腾辉，攒蝃蝀[2]于天畔。

照万象于晴初，散寥天于日余。

---

1 菡（hàn）萏（dàn）：荷花。

2 蝃（dì）蝀（dōng）：指彩虹。

卷九·集绮

朱楼绿幕，笑语勾别座之春，越舞吴歌，巧舌吐莲花之艳。此身如在怨脸愁房、红妆翠袖之间，若远若近，为之黯然。嗟乎！又何怪乎身当其际者，拥玉床之翠而心迷，听伶人之奏而陨涕乎？集绮第九。

天台花好，阮郎却无计再来；巫峡云深，宋玉只有情空赋。瞻碧云之黯黯，觅神女其何踪；睹明月之娟娟，问嫦娥而不应。

妆台正对书楼，隔池有影；绣户相通绮户，望眼多情。

莲开并蒂，影怜池上鸳鸯；缕结同心，日丽屏间孔雀。

堂上鸣《琴操》，久弹乎《孤凤》；邑中制锦纹，重织于双鸾。

镜想分鸾，琴悲《别鹤》。

春透水波明，寒峭花枝瘦。极目烟中百尺楼，人在楼中否？明月当搂，高眠如避，惜哉夜光暗投；芳树交窗，把玩无主，嗟矣红颜薄命。

鸟语听其涩时，怜娇情之未啭[1]；蝉声听已断处，愁孤节之渐消。

1 啭（zhuàn）：鸟儿婉转地叫。

断雨断云，惊魄三春蝶梦；花开花落，悲歌一夜鹃啼。

衲子飞觞历乱，解脱于樽斝[1]之间；钗行[2]挥翰淋漓，风神在笔墨之外。

养纸芙蓉粉，薰衣豆蔻香。

流苏帐底，披之而夜月窥人；玉镜台前，讽之而朝烟萦树。风流夸坠髻，时世闻啼眉。

新垒桃花红粉薄，隔楼芳草雪衣凉。

李后主宫人秋水，喜簪异花，芳草拂髻鬟，尝有粉蝶聚其间，扑之不去。

濯足清流，芹香飞涧；浣花新水，蝶粉迷波。

昔人有花中十友：桂为仙友，莲为净友，梅为清友，菊

---

1 樽斝（jiǎ）：泛指酒器。

2 钗行：指女人。

为逸友，海棠名友，荼蘼韵友，瑞香殊友，芝兰芳友，腊梅奇友，栀子禅友。昔人有禽中五客：鸥为闲客，鹤为仙客，鹭为雪客，孔雀南客，鹦鹉陇客。会花鸟之情，真是天趣活泼。

风笙龙管，蜀锦齐纨[1]。

木香盛开，把杯独坐其下，遥令青奴吹笛，止留一小奚侍酒，才少斟酌便退，立迎春架后。花看半开，酒饮微醉。

夜来月下卧醒，花影零乱，满人襟袖，疑如濯魄[2]于冰壶。

看花步，男子当作女人；寻花步，女子当作男人。

窗前俊石冷然，可代高人把臂，槛外名花绰约，无烦美女分香。

---

1 齐纨：齐地出产的白细绢。

2 濯魄：洗涤灵魂。

新调初裁，歌儿持板待的；阄题[1]方启，佳人捧砚濡毫。绝世风流，当场豪举。

野花艳目，不必牡丹；村酒醉人，何须绿蚁？

石鼓池边，小草无名可斗；板桥柳外，飞花有阵堪题。

桃红李白，疏篱细雨初来；燕紫莺黄，老树斜风乍透。

窗外梅开，喜有骚人弄笛；石边积雪，还须小妓烹茶。

高楼对月，邻女秋砧；古寺闻钟，山僧晓梵[2]。

佳人病怯，不耐春寒；豪客多情，犹怜夜饮。李太白之宝花宜障，孟光祖之狗窦[3]堪呼。

古人养笔，以硫黄酒；养纸，以芙蓉粉；养砚，以文绫盖；养墨，以豹皮囊。小斋何暇及此！唯有时书以养笔，时磨以

---

1 阄题：文人分题赋诗的一种方式。

2 晓梵：早课。

3 狗窦：狗洞。

养墨，时洗以养砚，时舒卷以养纸。

芭蕉，近日则易枯，迎风则易破。小院背阴，半掩竹窗，分外青翠。

欧公香饼，吾其熟火无烟；颜氏隐囊，我则斗花以布。

梅额生香，已堪饮爵；草堂飞雪，更可题诗。七种之羹，呼起袁生之卧；六生之饼，敢迎王子之舟。豪饮竟日，赋诗而散。佳人半醉，美女新妆。月下弹琴，石边侍酒。烹雪之茶，果然剩有寒香；争春之馆，自是堪来花叹。

黄鸟让其声歌，青山学其眉黛。

浅翠娇青，笼烟惹湿。清可漱齿，曲可流觞。

风开柳眼，露浥[1]桃腮，黄鹂呼春，青鸟送雨，海棠嫩紫，芍药嫣红，宜其春也。碧荷铸钱，绿柳缫丝，龙孙脱壳，鸠妇唤晴，雨骤黄梅，日蒸绿李，宜其夏也。槐阴未断，雁

1 浥：湿润。

信初来，秋英无言，晓露欲结，蓐收避席，青女办妆，宜其秋也。桂子风高，芦花月老，溪毛碧瘦，山骨苍寒，千岩见梅，一雪欲腊，宜其冬也。

风翻贝叶，绝胜北阙[1]除书[2]；水滴莲花，何似华清宫漏。

画屋曲房，拥炉列坐；鞭车行酒，分队征歌；一笑千金，樗蒲[3]百万；名妓持笺，玉儿捧砚；淋漓挥洒，水月流虹；我醉欲眠，鼠奔鸟窜；罗襦轻解，鼻息如雷。此一境界，亦足赏心。

柳花燕子，贴地欲飞；画扇练裙，避人欲进，此春游第一风光也。

花颜缥缈，欺树里之春风；银焰荧煌，却城头之晓色。

乌纱帽挟红袖登山，前人自多风致。

---

1 北阙：朝廷的别称。

2 除书：拜官诏令。

3 樗（chū）蒲：汉末盛行的一种棋类游戏，后指赌博。

笔阵生云，词锋卷雾。

楚江巫峡半云雨，清簟疏帘看弈棋。

美丰仪人，如三春新柳，濯濯风前。

涧险无平石，山深足细泉。短松犹百尺，少鹤已千年。

清文满筐，非唯芍药之花；新制连篇，宁止葡萄之树。

梅花舒两岁之装，柏叶泛三光之酒。飘摇余雪，入箫管以成歌；皎洁轻冰，对蟾光[1]而写镜。

鹤有累心犹被斥，梅无高韵也遭删。

分果车中，毕竟借他人面孔；捉刀床侧，终须露自己心胸。雪滚飞花，缭绕歌楼，飘扑僧舍，点点共酒旆悠扬，阵阵追燕莺飞舞。沾泥逐水，岂特可入诗料，要知色身幻影，是即风里杨花、浮生燕垒。

1 蟾光：月光。

涧险无平石，山深足细泉。

水绿霞红处，仙犬忽惊人，吠入桃花去。

九重仙诏，休教丹凤衔来；一片野心，已被白云留住。

香吹梅渚千峰雪，清映冰壶百尺帘。

避客偶然抛竹屦，邀僧时一上花船。

到来都是泪，过去即成尘。秋色生鸿雁，江声冷白蘋。

斗草[1]春风，才子愁销书带翠；采菱秋水，佳人疑动镜花香。

竹粉映琅玕[2]之碧，胜新妆流媚，曾无掩面于花宫；花珠凝翡翠之盘，虽什袭非珍，可免探颔于龙藏。

因花整帽，借柳维船。

1 斗草：踏百草，是中国民间流行的一种游戏，属于端午民俗。

2 琅（láng）玕（gān）：玉石。

绕梦落花消雨色，一尊芳草送晴昏。

争春开宴，罢来花有叹声；水国谈经，听去鱼多乐意。

无端泪下，三更山月老猿啼；蓦地娇来，一月泥香新燕语。燕子刚来，春光惹恨；雁臣甫聚，秋思惨人。

韩嫣金弹，误了饥寒人多少奔驰；潘岳果车，增了少年人多少颜色。

微风醒酒，好雨催诗，生韵生情，怀颇不恶。

苎罗村[1]里，对娇歌艳舞之山；若耶溪[2]边，拂浓抹淡妆之水。春归何处，街头愁杀卖花；客落他乡，河畔生憎折柳。

论到高华，但说黄金能结客；看来薄命，非关红袖嫩撩人。

---

1 苎罗村：位于绍兴诸暨，是西施的家乡。

2 若耶溪：同位于绍兴市，相传为西施浣纱之所。

同气之求，唯刺平原于锦绣；同声之应，徒铸子期以黄金。

胸中不平之气，说倩山禽；世上叵测之器，藏之烟柳。

祛长夜之恶魔，女郎说剑；销千秋之热血，学士谈禅。

论声之韵者，曰溪声、涧声、竹声、松声、山禽声、幽壑声、芭蕉雨声、落花声，皆天地之清籁，诗坛之鼓吹也，然销魂之听，当以卖花声为第一。

石上酒花，几片湿云凝夜色；松间人语，数声宿鸟动朝喧。媚字极韵，但出以清致，则窈窕，但见风神，附以妖娆，则做作毕露丑态。如芙蓉媚秋水，绿篠媚清涟，方不着迹。

武士无刀兵气，书生无寒酸气，女郎无脂粉气，山人无烟霞气，僧家无香火气，换出一番世界，便为世上不可少之人。

情词之娴美，《西厢》以后，无如《玉合》《紫钗》《牡丹亭》三传。置之案头，可以挽文思之枯涩，收神情之懒散。

俊石贵有画意，老树贵有禅意，韵士贵有酒意，美人贵有诗意。

红颜未老，早随桃李嫁春风；黄卷将残，莫向桑榆怜暮景。销魂之音，丝竹不如着肉。然而风月山水间，别有清魂销于清响，即子晋之笙，湘灵之瑟，董双成之云璈[1]，犹属下乘。娇歌艳曲，不尽混乱耳根。

风惊蟋蟀，闻织妇之鸣机，月满蟾蜍，见天河之弄杼。

高僧筒里送信，突地天花坠落；韵妓扇头寄画，隔江山雨飞来。酒有难悬之色，花有独蕴之香。以此想红颜媚骨，便可得之格外。

客斋使令，翔七宝妆，理茶具，响松风于蟹眼，浮雪花于兔毫。

---

1 云璈：即云鼓。打击乐器。

每到日中重掠鬓，衩衣骑马试宫廊。

绝世风流，当场豪举。世路既如此，但有肝胆向人；清议可奈何，曾无口舌造业。

花抽珠落，珠悬花更生。风来香转散，风度焰还轻。

莹以玉琇[1]，饰以金英[2]。绿芰悬插，红蕖倒生。

浮沧海兮气浑，映青山兮色乱。

纷黄庭之靃霏[3]，隐重廊之窈窕。青陆至而莺啼，朱阳升而花笑。

紫蒂红蕤，玉蕊苍枝。

视莲潭之变彩，见松院之生凉；引惊蝉于宝瑟，宿兰燕

1 琇：像玉的美石。

2 金英：金色的花。

3 靃（suī）霏：雨雪云雾密布的样子。

于瑶筐[1]。

蒲团布衲，难于少时存老去之禅心；玉剑角弓，贵于老时任少年之侠气。

1 瑶筐：古时装首饰的盒子。

卷十·集豪

今世矩视尺步之辈，与夫守株待兔之流，是不束缚而阱者也。宇宙寥寥，求一豪者，安得哉？家徒四壁，一掷千金，豪之胆；兴酣落笔，泼墨千言，豪之才；我才必用，黄金复来，豪之认。夫豪既不可得，而后世倜傥之士，或以一言一字写其不平，又安与沉沉故纸同为销没乎！集豪第十。

桃花马上春衫，少年侠气；贝叶斋中夜衲，老去禅心。

岳色江声，富煞胸中丘壑；松阴花影，争残局上山河。

骥虽伏枥[1]，足能千里；鹄即垂翅，志在九霄。

个个题诗，写不尽千秋花月；人人作画，描不完大地江山。

慷慨之气，龙泉知我；忧煎之思，毛颖[2]解人。

不能用世而故为玩世，只恐遇着真英雄；不能经世而故为欺世，只好对着假豪杰。

绿酒但倾，何妨易醉；黄金既散，何论复来？

诗酒兴将残，剩却楼头几明月；登临情不已，平分江上半青山。

---

1 伏枥：马伏在槽上。指受人驯养。

2 毛颖：毛笔的别称。

闲行消白日，悬李贺呕字之囊；搔首问青天，携谢朓惊人之句。

假英雄专吷[1]不鸣之剑，若尔锋芒，遇真人而落胆；穷豪杰惯作无米之炊，此等作用，当大计而扬眉。

深居远俗，尚愁移山有文；纵饮达旦，犹笑醉乡无记。

风会口靡，试具宋广平之石肠；世道莫容，请收姜伯约之大胆。

藜床[2]半穿，管宁真吾师乎；轩冕[3]必顾，华歆洵非友也。

车尘马足之下，露出丑形；深山穷谷之中，剩些真影。

吐虹霓之气者，贵挟风霜之色；依日月之光者，毋怀雨露之私。

---

1 吷（xuè）：如口吹物发出的小声音。

2 藜（lí）床：泛指简陋的坐榻。

3 轩冕：达官贵族的车马。

清襟凝远，卷秋江万顷之波；妙笔纵横，挽昆仑一峰之秀。

闻鸡起舞，刘琨其壮士之雄心乎？闻筝起舞，迦叶其开士之素心乎？

友遍天下英杰之士，读尽人间未见之书。

读书倦时须看剑，英发之气不磨；作文苦际可歌诗，郁结之怀随畅。

交友须带三分侠气，作人要存一点素心。

栖守道德者，寂寞一时；依阿权变者，凄凉万古。

深山穷谷，能老经济才猷；绝壑断崖，难隐灵文奇字。

王门之杂吹非竽，梦连魏阙；郢路之飞声无调，羞向楚囚。肝胆煦若春风，虽囊乏一文，还怜茕独气骨，清如秋水。

献策金门苦未收，归心日夜水东流。扁舟载得愁千斛，闻说君王不税愁。

世事不堪评，拔卷神游千古上；尘氛应可却，闭门心在万山中。

负心满天地，辜他一片热肠；恋态自古今，悬此两只冷眼。

龙津一剑，尚作合于风雷。胸中数万甲兵，宁终老于牖下。此中空洞原无物，何止容卿数百人。

英雄未转之雄图，假糟丘为霸业；风流不尽之余韵，托花谷为深山。

红润口脂，花蕊乍过微雨；翠匀眉黛，柳条徐拂轻风。

满腹有文难骂鬼，措身无地反忧天。

大丈夫居世，生当封侯，死当庙食。不然，闲居可以养志，诗书足以自娱。

不恨我不见古人，唯恨古人不见我。

荣枯得丧，天意安排，浮云过太虚也；用舍行藏，吾心镇定，砥柱在中流乎？

曹曾积石为仓以藏书，名曹氏石仓。

丈夫须有远图，眼孔如轮，可怪处堂燕雀；豪杰宁无壮志，风棱似铁，不忧当道豺狼。

云长香火，千载遍于华夷；坡老姓名，至今口于妇孺。意气精神，不可磨灭。

据床嗒尔[1]，听豪士之谈锋；把盏惺然，看酒人之醉态。

登高远眺，吊古寻幽，广胸中之丘壑，游物外之文章。

雪霁[2]清境，发于梦想。此间但有荒山大江，修竹古木。

每饮村酒，后曳杖放脚，不知远近，亦旷然天真。

---

1 嗒尔：形容物我两忘。

2 霁：停。

须眉之士在世，宁使乡里小儿怒骂，不当使乡里小儿见怜。

胡宗宪读《汉书》，至终军请缨事，乃起拍案曰:“男儿双脚当从此处插入，其他皆狼藉耳！”

宋海翁才高嗜酒，睥睨当世。忽乘醉泛舟海上，仰天大笑，曰:“吾七尺之躯，岂世间凡士所能贮？合以大海葬之耳！”遂按波而入。

王仲祖有好形仪，每览镜自照，曰:“王文开那生宁馨儿？”

毛澄七岁善属对[1]，诸喜之者，赠以金钱，归掷之曰:“吾犹薄苏秦斗大，安事此邓通[2]靡靡！”

梁公实荐一士于李于麟，士欲以谢梁，曰:“吾有长生术，不惜为公授。”梁曰:“吾名在天地间，只恐盛着不了，安用

1 属对：对对子。

2 邓通：指铜钱。

济笔海则为舟航，骋文囿则为羽翼。

长生！”

吴正子穷居一室，门环流水，跨木而渡，渡毕即抽之。人问故，笑曰:“土舟浅小，恐不胜富贵人来踏耳！”

吾有目有足，山川风月，吾所能到，我便是山川风月主人。大丈夫当雄飞，安能雌伏?

青莲登华山落雁峰，曰:“呼吸之气，想通帝座[1]。恨不携谢朓惊人之句来，搔首问青天耳！”

志欲枭逆虏，枕戈待旦，常恐祖生先我着鞭。

旨言不显，经济多托之工瞽[2]刍荛[3]；高踪不落，英雄常混之渔樵耕牧。

高言成啸虎之风，豪举破涌山之浪。

1 帝座：天帝的宝座。

2 瞽（gǔ）：瞎子。

3 刍（chú）荛（ráo）：樵夫。

立言者，未必即成千古之业，吾取其有千古之心；好客者，未必即尽四海之交，吾取其有四海之愿。

管城子无食肉相，世人皮相何为；孔方兄有绝交书，今日盟交安在？

襟怀贵疏朗，不宜太逞豪华；文字要雄奇，不宜故求寂寞。

悬榻待贤士，岂曰交情已乎？投辖[1]留好宾，不过酒兴而已。才以气雄，品由心定。

为文而欲一世之人好，吾悲其为文；为人而欲一世之人好，吾悲其为人。

济笔海则为舟航，骋文囿[2]则为羽翼。

胸中无三万卷书，眼中无天下奇山川，未必能文。纵能，

1 投辖：汉代陈遵招待客人时，把客人马车上的车辖取下扔到井里，使车不能行驶，留住客人。后遂以"投辖"比喻主人好客。

2 文囿：指文学之士。

亦无豪杰语耳。

山厨失斧，断之以剑。客至无枕，解琴自供。盥盆溃散，磬为注洗。盖不暖足，覆之以蓑。

孟宗少游学，其母制十二幅被，以招贤士共卧，庶得闻君子之言。

张烟雾于海际，耀光景于河渚；乘天梁[1]而皓荡，叶帝阍[2]而延伫。

声誉可尽，江天不可尽；丹青可穷，山色不可穷。

闻秋空鹤唳，令人逸骨仙仙；看海上龙腾，觉我壮心勃勃。

明月在天，秋声在树，珠箔[3]卷啸倚高楼；苍苔在地，春酒在壶，玉山颓醉眠芳草。

1 天梁：星宿名，天梁星。

2 帝阍（hūn）：天门，天帝的宫门。

3 珠箔（bó）：即珠帘。

胸中自是奇，乘风破浪，平吞万顷苍茫；脚底由来阔，历险穷幽，飞度千寻香霭[1]。

松风涧雨，九霄外声闻环佩，清我吟魂；海市蜃楼，万水中一幅画图，供吾醉眼。

每从白门归，见江山逶迤，草木苍郁。人常言佳，我觉是别离人肠中一段酸楚气耳。

人每谀余腕中有鬼，余谓鬼自无端入吾腕中，吾腕中未尝有鬼也。人每责余目中无人，余谓人自不屑入吾目中，吾目中未尝无人也。

天下无不虚之山，唯虚，故高而易峻；天下无不实之水，唯实，故流而不竭。

放不出憎人面孔，落在酒杯；丢不下怜世心肠，寄之诗句。春到十千美酒，为花洗妆；夜来一片名香，与月熏魄。

---

1 香霭：云气。

忍到熟处则忧患消，淡到真时则天地赘。

醺醺熟读《离骚》，孝伯外敢曰并背名士；碌碌常承色笑，阿奴辈果然尽是佳儿。

剑雄万敌，笔扫千军。

飞禽铩翮[1]，犹爱惜乎羽毛；志士捐生，终不忘乎老骥。

敢于世上放开眼，不向人间浪皱眉。

缥缈孤鸿，影来窗际，开户从之，明月入怀，花枝零乱，朗吟“枫落吴江”之句，令人凄绝。

云破月窥花好处，夜深花睡月明中。

三春花鸟犹堪赏，千古文章只自知。文章自是堪千古，花鸟三春只几时。

1 铩翮（hé）：毛羽伤残，不能高飞。

士大夫胸中无三斗墨，何以运管城？然恐酝酿宿陈，出之无光泽耳。

攫金于市者，见金而不见人；剖身藏珠者，爱珠而忘自爱。

与夫决性命以饕[1]富贵，纵嗜欲以戕生者何异？

说不尽山水好景，但付沉吟；当不起世态炎凉，唯有闭户。

杀得人者，方能生人。有恩者，必然有怨。若使不阴不阳，随世波靡，肉菩萨出世，于世何补，此生何用？

李太白云："天生我才必有用，黄金散尽还复来。"又云："一生性僻耽佳句，语不惊人死不休。"豪杰不可不解此语。

天下固有父兄不能囿之豪杰，必无师友不可化之愚蒙。谐友于天伦之外，元章呼石为兄；奔走于世途之中，庄生喻尘以马。

---

1 饕：贪财。

词人半肩行李，收拾秋水春云；深宫一世梳妆，恼乱晚花新柳。

得意不必人知，兴来书自圣；纵口何关世议，醉后语犹颠。

英雄尚不肯以一身受天公之颠倒，吾辈奈何以一身受世人之提掇？是堪指发，未可低眉。

能为世必不可少之人，能为人必不可及之事，则庶几此生不虚。

儿女情，英雄气，并行不悖；或柔肠，或侠骨，总是吾徒。

上马横槊[1]，下马作赋，自是英雄本色；熟读《离骚》，痛饮浊酒，果然名士风流。

诗狂空古今，酒狂空天地。

1 横槊（shuò）：横持长矛，指从军或习武。

处世当于热地思冷，出世当于冷地求热。

我辈腹中之气，亦不可少，要不必用耳。若蜜口，真妇人事哉！

办大事者，匪独以意气胜，盖亦其智略绝也，故负气雄行，力足以折公侯，出奇制算，事足以骇耳目。如此人者，俱千古矣。嗟嗟！今世徒虚语耳。

说剑谈兵，今生恨少封侯骨；登高对酒，此日休吟烈士歌。

身许为知己死，一剑夷门，到今侠骨香仍古；腰不为督邮折，五斗彭泽，从古高风清至今。

剑击秋风，四壁如闻鬼啸；琴弹夜月，空山引动猿号。

壮志愤懑难消，高人情深一往。

先达笑弹冠，休向侯门轻曳裾；相知犹按剑，莫从世路暗投珠。

卷十一·集法

自方袍幅巾之态遍满天下，而超脱颖绝之士，遂以同污合流矫之，而世道不古矣。夫迂腐者，既泥于法，而超脱者，又越于法，然则士君子亦不偏不倚，期无所泥越则已矣，何必方袍幅巾，作此迂态耶！集法第十一。

世无乏才之世，以通天达地之精神，而辅之以拔十得五之眼法。一心可以交万友，二心不可以交一友。

凡事，留不尽之意则机圆，凡物，留不尽之意则用裕，凡情，留不尽之意则味深，凡言，留不尽之意则致远，凡兴，留不尽之意则趣多，凡才，留不尽之意则神满。

有世法，有世缘，有世情。缘非情，则易断；情非法，则易流。

世多理所难必之事，莫执宋人道学；世多情所难通之事，莫说晋人风流。

与其以衣冠误国，不若以布衣关世；与其以林下而矜冠裳，不若以廊庙而标泉石。

眼界愈大，心肠愈小；地位愈高，举止愈卑。

少年人要心忙，忙则摄浮气；老年人要心闲，闲则乐余年。晋人清谈，宋人理学，以晋人遣俗，以宋人禔躬[1]，合之

1 禔（zhī）躬：安定修身。

双美，分之两伤也。

莫行心上过不去事，莫存事上行不去心。

忙处事为，常向闲中先检点；动时念想，预从静里密操持。青天白日处节义，自暗室屋漏处培来；旋转乾坤的经纶，自临深履薄处操出。

以积货财之心积学问，以求功名之念求道德，以爱子女之心爱父母，以保爵位之策保国家。

才智英敏者，宜以学问摄其激昂者，当以德性融其偏。

何以下达，唯有饰非；何以上达，无如改过。

一点不忍的念头，是生民生物之根芽；一段不为的气象，是撑天撑地之柱石。

君子对青天而惧，闻雷霆而不惊；履平地而恐，涉风波而不疑。

不可乘喜而轻诺，不可因醉而生嗔；不可乘快而多事，不可因倦而鲜终。

意防虑如拨，口防言如遏，身防染如夺，行防过如割。

白沙在泥，与之俱黑，渐染之习久矣；他山之石，可以攻玉，切磋之力大焉。

后生辈胸中，落意气两字，有以趣胜者，有以味胜者。然宁饶于味，而无饶于趣。

芳树不用买，韶光贫可支。

寡思虑以养神，剪嗜欲色以养精，靖言语以养气。

立身高一步方超达，处世退一步方安乐。

士君子贫不能济物者，遇人痴迷处，出一言提醒之，遇人急难处，出一言解救之，亦是无量功德。

救既败之事者，如驭临崖之马，休轻策一鞭；图垂成之功者，如挽上滩之舟，莫少停一棹。

是非邪正之交，少迁就，则失从违之正；利害得失之会，太分明，则起趋避之私。

事系幽隐，要思回护他，着不得一点攻讦[1]的念头；人属寒微，要思矜礼他，着不得一毫傲睨的气象。

毋以小嫌而疏至戚，勿以新怨而忘旧恩。

礼义廉耻，可以律己，不可以绳人。律己则寡过，绳人则寡合。

凡事韬晦，不独益己，抑且益人；凡事表暴，不独损人，抑且损己。

觉人之诈，不形于言；受人之侮，不动于色。此中有无穷意味，亦有无穷受用。

1 攻讦：对别人的过失或阴私加以攻击。

立身高一步方超达，处世退一步方安乐。

爵位不宜太盛，太盛则危；能事不宜尽毕，尽毕则衰。

遇故旧之交，意气要愈新；处隐微之事，心迹宜愈显；待衰朽之人，恩礼要愈隆。

用人不宜刻，刻则思效者去；交友不宜滥，滥则贡谀者来。

忧勤是美德，太苦则无以适性怡情；淡泊是高风，太枯则无以济人利物。

作人要脱俗，不可存一矫俗之心；应世要随时，不可起一趋时之念。

富贵之家，常有穷亲戚往来，便是忠厚。

从师延名士，鲜垂教之实益；为徒攀高第，少受诲之真心。男子有德便是才，女子无才便是德。

病中之趣味，不可不尝；穷途之景界，不可不历。

才人国士，既负不群之才，定负不羁之行，是以才稍压众则忌心生，行稍违时则侧目至。死后声名，空誉墓中之骸骨；穷途潦倒，谁怜宫外之蛾眉？

贵人之交贫士也，骄色易露；贫士之交贵人也，傲骨当存。君子处身，宁人负己，己无负人；小人处事，宁己负人，无人负己。

砚神曰淬妃，墨神曰回氏，纸神曰尚卿，笔神曰昌化，又曰佩阿。

要治世，半部《论语》；要出世，一卷《南华》。

祸莫大于纵己之欲，恶莫言于人之非。

求见知于人世易，求真知于自己难；求粉饰于耳目易，求无愧于隐微难。

圣人之言，须常将来眼头过，口头转，心头运。

与其巧持于末，不若拙戒于初。

君子有三惜：此生不学，一可惜；此日闲过，二可惜；此身一败，三可惜。

昼观诸妻子，夜卜诸梦寐。两者无愧，始可言学。

士大夫三日不读书，则礼义不交，便觉面目可憎，语言无味。

与其密面交，不若亲谅友；与其施新恩，不若还旧债。

士人当使王公闻名多而识面少，宁使王公讶其不来，毋使王公厌其不去。

见人有得意事，便当生欣喜心；见人有失意事，便当生怜悯心，皆自己真实受用处。忌成乐败，徒自坏心术耳。

恩重难酬，名高难称。

待客之礼，当存古意，止一鸡一黍[1]，酒数行，食饭而罢。

---

1 黍（shǔ）：一种粮食。

以此为法。

处心不可着，着则偏；作事不可尽，尽则穷。

士人所贵，节行为大。轩冕失之，有时而复来；节行失之，终身不可得矣。

势不可倚尽，言不可道尽，福不可享尽，事不可处尽，意味偏长。

静坐然后知平日之气浮，守默然后知平日之言躁，省事然后知平日之贵闲，闭户然后知平日之交滥，寡欲然后知平日之病多，近情然后知平日之念刻。

喜时之言多失信，怒时之言多失体。

泛交则多费，多费则多营，多营则多求，多求则多辱。

一字不可轻与人，一言不可轻语人，一笑不可轻假人。

正以处心，廉以律己，忠以事君，恭以事长，信以接物，宽以待下，敬以洽事，此居官之七要也。

圣人成大事业者，从战战兢兢之小心来。

酒入舌出，舌出言失，言失身弃。余以为弃身不如弃酒。

青天白日，和风庆云，不特人多喜色，即鸟鹊且有好音。若暴风怒雨，疾雷幽电，鸟亦投林，人皆闭户。故君子以太和元气为主。

胸中落“意气”两字，则交游定不得力；落“骚雅”二字，则读书定不深心。

交友之先宜察，交友之后宜信。

唯俭可以助廉，唯恕可以成德。

唯书不问贵贱贫富老少，观书一卷，则如一卷之益；观书一日，则有一日之益。

坦易其心胸，率真其笑语，疏野其礼数，简少其交游。

好丑不可太明，议论不可务尽，情势不可殚竭，好恶不可骤施。

不风之波，开眼之梦，皆能增进道心。

开口讥诮人，是轻薄第一件，不唯丧德，亦足丧身。

人之恩可念不可忘，人之仇可忘不可念。

不能受言者，不可轻与一言，此是善交法。

君子于人，当于有过中求无过，不当于无过中求有过。

我能容人，人在我范围，报之在我，不报在我；人若容我，我在人范围，不报不知，报之不知。自重者然后人重，人轻者由我自轻。

高明性多疏脱，须学精严；狷介常苦迂拘[1]，当思圆转。

---

1 迂拘：迂腐而拘束。

欲做精金美玉的人品，定从烈火煅来；思立揭地掀天的事功，须向薄冰履过。

性不可纵，怒不可留，语不可激，饮不可过。

能轻富贵，不能轻一轻富贵之心，能重名义，又复重一重名义之念，是事境之尘氛未扫，而心境之芥蒂未忘。此处拔除不净，恐石去而草复生矣。

纷扰固溺志之场，而枯寂亦槁心之地。故学者当栖心玄默，以宁吾真体；亦当适志恬愉，以养吾圆机。

昨日之非不可留，留之则根烬复萌，而尘情终累乎理趣；今日之是不可执，执之则渣滓未化，而理趣反转为欲根。待小人不难于严，而难于不恶；待君子不难于恭，而难于有礼。

市私恩，不如扶公议；结新知，不如敦旧好；立荣名，不如种隐德；尚奇节，不如谨庸行。

有一念而犯鬼神之忌，一言而伤天地之和，一事而酿子孙之祸者，最宜切戒。

不实心，不成事；不虚心，不知事。

老成人受病，在作意步趋；少年人受病，在假意超脱。

为善有表里始终之异，不过假好人；为恶无表里始终之异，倒是硬汉子。

入心处咫尺玄门，得意时千古快事。

《水浒传》无所不有，却无破老一事，非关缺陷，恰是酒肉汉本色。如此益知作者之妙。

世间会讨便宜人，必是吃过亏者。

书是同人，每读一篇，自觉寝食有味；佛为老友，但窥半偈，转思前境真空。

衣垢不湔[1]，器缺[2]不补，对人犹有惭色；行垢不湔，德缺

1 湔（jiān）：清洗干净。

2 器缺：器物有损坏。

不补，对天岂无愧心！

天地俱不醒，落得昏沉醉梦；洪濛率是客，枉寻寥廓主人。老成人必典必则，半步可规；气闷人不吐不茹，一时难对。重友者，交时极难，看得难，以故转重；轻友者，交时极易，看得易，以故转轻。

近以静事而约己，远以惜福而延生。

掩户焚香，清福已具。如无福者，定生他想。更有福者，辅以读书。

国家用人，犹农家积粟。粟积于丰年，乃可济饥；才储于平时，乃可济用。

考人品，要在五伦上见。此处得，则小过不足疵；此处失，则众长不足录。

国家尊名节，奖恬退[1]，虽一时未见其效，然当患难仓卒

1 恬退：淡于名利。

志不可一日坠，心不可一日放。

之际，终赖其用。如禄山之乱，河北二十四郡皆望风奔溃，而抗节不挠者，止一颜真卿，明皇初不识其人，则所谓名节者，亦未尝不自恬退中得来也。故奖恬退者，乃所以励名节。

志不可一日坠，心不可一日放。

辩不如讷，语不如默，动不如静，忙不如闲。

以无累之神，合有道之器，宫商暂离，不可得已。

精神清旺，境境都有会心；志气昏愚，处处俱成梦幻。

酒能乱性，佛家戒之；酒能养气，仙家饮之。余于无酒时学佛，有酒时学仙。

烈士不馁，正气以饱其腹；清士不寒，青史以暖其躬；义士不死，天君以生其骸。总之手悬胸中之日月，以任世上之风波。

孟郊有句云："青山碾为尘，白日无闲人。"于鄴云："白日若不落，红尘应更深。"又云："如逢幽隐处，似遇独醒人。"

王维云:“行到水穷处，坐看云起时。”又云:“明月松间照，清泉石上流。”皎然云:“少时不见山，便觉无奇趣。”每一吟讽，逸思翩翩。

卷十二·集倩

倩不可多得，美人有其韵，名花有其致，青山绿水有其丰标。外则山臞韵士，当情景相会之时，偶出一语，亦莫不尽其韵，极其致，领略其丰标。可以启名花之笑，可以佐美人之歌，可以发山水之清音，而又何可多得！集情第十二。

会心处，自有濠濮间想[1]，然可亲人鱼鸟；偃卧时，便是羲皇上人，何必秋月凉风。

一轩明月，花影参差，席地便宜小酌；十里青山，鸟声断续，寻春几度长吟。

入山采药，临水捕鱼，绿树阴中鸟道；扫石弹琴，卷帘看鹤，白云深处人家。

沙村竹色，明月如霜，携幽人杖藜[2]散步；石屋松阴，白云似雪，对孤鹤扫榻高眠。

焚香看树，人事都尽，隔帘花落，松梢月上，钟声忽度；推窗仰视，河汉流云，大胜昼时，非有洗心涤虑得意爻象[3]之表者，不可独契此语。

纸窗竹屋，夏葛冬裘，饭后黑甜，日中白醉，足矣！

---

1 濠濮间想：指闲适无为、逍遥脱俗的情趣。

2 杖藜：拄着拐杖行走。

3 爻（yáo）象：迹象。

收碣石之宿雾，敛苍梧之夕云。八月灵槎[1]，泛寒光而静去；三山神阙，湛清影以遥连。

空三楚之暮天，楼中历历；满六朝之故地，草际悠悠。

秋水岸移新钓舫，藕花洲拂旧荷裳。心深不灭三年字，病浅难销寸步香。

赵飞燕歌舞自赏，仙风留于绉裙[2]；韩昭侯颦笑不轻，俭德昭于敝裤。皆以一物著名，局面相去甚远。

翠微僧至，衲衣皆染松云；斗室残经，石磬半沉蕉雨。

黄鸟情多，常向梦中呼醉客；白云意懒，偏来僻处媚幽人。

乐意相关禽对语，生香不断树交花，是无彼无此真机；野色更无山隔断，天光常与水相连，此彻上彻下真境。

---

1 槎（chá）：船筏。

2 绉裙：古代的一种裙衣。

美女不尚铅华[1]，似疏云之映淡月；禅师不落空寂，若碧沼之吐青莲。

书者喜谈画，定能以画法作书；酒人好论茶，定能以茶法饮酒。

诗用方言，岂是采风之子；谭邻俳语，恐贻拂麈之羞。

肥壤植梅，花茂而其韵不古；沃土种竹，枝盛而其质不坚。竹径松篱，尽堪娱目，何非一段清闲；园亭池榭，仅可容身，便是半生受用。

南涧科头[2]，可任半帘明月；北窗坦腹，还须一榻清风。

披帙横风榻，邀棋坐雨窗。

洛阳每遇梨花时，人多携酒树下，曰："为梨花洗妆。"

---

1 铅华：指中国古代的化妆品。

2 科头：不戴冠帽，裸露头髻。

绿染林皋，红销溪水。几声好鸟斜阳外，一簇春风小院中。

有客到柴门，清尊[1]开江上之月；无人剪蒿径，孤榻对雨中之山。

恨留山鸟，啼百卉之春红；愁寄陇云，锁四天之暮碧。

涧口有泉常饮鹤，山头无地不栽花。

双杵茶烟，具载陆君之灶；半床松月，且窥扬子之书。

寻雪后之梅，几忙骚客；访霜前之菊，颇惬幽人。

帐中苏合[2]，全消雀尾之炉；槛外游丝，半织龙须之席。

瘦竹如幽人，幽花如处女。

晨起推窗，红雨乱飞，闲花笑也；绿树有声，闲鸟啼也；

1 清尊：酒器。

2 苏合：即苏合香。

烟岚灭没，闲云度也；藻荇可数，闲池静也；风细帘青，林空月印，闲庭峭也。山扉昼扃，而剥啄每多闲侣；帖括因人，而几案每多闲编。绣佛长斋，禅心释谛，而念多闲想，语多闲词。闲中滋味，洵足乐也。

鄙吝一消，白云亦可赠客；渣滓尽化，明月亦来照人。

水流云在，想子美千载高标；月到风来，忆尧夫一时雅致。何以消天下之清风朗月，酒盏诗筒；何以谢人间之覆雨翻云，闭门高卧。

高客留连，花木添清疏之致；幽人剥啄，莓苔生淡冶之容。雨中连榻，花下飞觞。进艇长波，散发弄月。紫箫玉笛，飒起中流。白露可餐，天河在袖。

午夜箕踞松下，依依皎月，时来亲人，亦复快然自适。

香宜远焚，茶宜旋煮，山宜秋登。

中郎赏花云：茗赏上也，谈赏次也，酒赏下也。茶越而崇酒，及一切庸秽凡俗之语，此花神之深恶痛斥者。宁闭口枯坐，勿遭花恼可也。

赏花有地有时，不得其时而漫然命客，皆为唐突。寒花宜初雪，宜雨霁，宜新月，宜暖房；温花宜晴日，宜轻寒，宜华堂；暑花宜雨后，宜快风，宜佳木浓阴，宜竹下，宜水阁；凉花宜爽月，宜夕阳，宜空阶，宜苔径，宜古藤巉石边。若不论风日，不择佳地，神气散缓，了不相属，比于妓舍酒馆中花，何异哉！

云霞争变，风雨横天，终日静坐，清风洒然。

妙笛至山水佳处，马上临风，快作数弄。

心中事，眼中景，意中人。

园花按时开放，因即其佳称待之以客。梅花索笑客，桃花销恨客，杏花倚云客，水仙凌波客，牡丹酣酒客，芍药占春客，萱草忘忧客，莲花禅社客，葵花丹心客，海棠昌州客，桂花青云客，菊花招隐客，兰花幽谷客，酴醿清叙客，腊梅远寄客。须是身闲，方可称为主人。

马蹄入树鸟梦坠，月色满桥人影来。

无事当看韵书，有酒当邀韵友。

红蓼滩头，青林古岸，西风扑面，风雪打头，披蓑顶笠，执竿烟水，俨然在米芾[1]《寒江独钓图》中。

冯惟一[2]以杯酒自娱，酒酣即弹琵琶，弹罢赋诗，诗成起舞。时人爱其俊逸。

风下松而合曲，泉萦石而生文[3]。

秋风解缆，极目芦苇，白露横江，情景凄绝。孤雁惊飞，秋色远近，泊舟卧听，沽[4]酒呼卢[5]，一切尘事，都付秋水芦花。

设禅榻二，一自适，一待朋。朋若未至，则悬之。敢

1 米芾：北宋书法家、画家、书画理论家，与蔡襄、苏轼、黄庭坚合称“宋四家”。

2 冯惟一：冯吉，字惟一，北宋学者。

3 文：同纹，此处指波纹。

4 沽：买。

5 呼卢：古代的一种赌博方式。用木头制成黑白子，类似于现在的五子棋。

曰:“陈蕃之榻，悬待孺子[1]；长史之榻，专设休源[2]。”亦唯禅榻之侧，不容着俗人膝耳。诗魔酒颠，赖此榻祛醒。

留连野水之烟，淡荡寒山之月。

春夏之交，散行麦野；秋冬之际，微醉稻场。欣看麦浪之翻银，积翠直侵衣带；快睹稻香之覆地，新醅欲溢尊罍[3]。每来得趣于庄村，宁去置身于草野。

羁客在云村，蕉雨点点，如奏笙竽，声极可爱。山人读《易》《礼》，斗后[4]骑鹤以至，不减闻《韶》[5]也。

阴茂树，濯寒泉，溯冷风，宁不爽然洒然！

韵言一展卷间，恍坐冰壶而观龙藏。

---

1 孺子：徐稚，字孺子。

2 休源：南朝孔休源，曾任晋安王长史。

3 尊罍（léi）：盛酒的器具。

4 斗后：尘世外。

5《韶》：传说是舜作的乐曲。

春来新笋，细可供茶；雨后奇花，肥堪待客。

赏花须结豪友，观妓须结淡友，登山须结逸友，泛舟须结旷友，对月须结冷友，待雪须结艳友，捉酒须结韵友。

问客写药方，非关多病；闭门听野史，只为偷闲。

岁行尽矣，风雨凄然，纸窗竹屋，灯火青荧，时于此间得小趣。

山鸟每夜五更喧起五次，谓之报更，盖山间率真漏声也。
分韵题诗，花前酒后；闭门放鹤，主去客来。

插花着瓶中，令俯仰高下，斜正疏密，皆有意态，得画家写生之趣，方佳。

法饮宜舒，放饮宜雅，病饮宜小，愁饮宜醉，春饮宜郊，夏饮宜庭，秋饮宜舟，冬饮宜室，夜饮宜月。

甘酒以待病客，辣酒以待饮客，苦酒以待豪客，淡酒以待清客，浊酒以待俗客。

仙人好楼居，须岧峣[1]轩敞，八面玲珑，舒目披襟，有物外之观，霞表之胜。宜对山，宜临水；宜待月，宜观霞；神夕阳，宜雪月。宜岸帻观书，宜倚栏吹笛；宜焚香静坐，宜挥麈清谈。江干宜帆影，山郁宜烟岚；院落宜杨柳，寺观宜松篁；溪边宜渔樵、宜鹭鸶，花前宜娉婷、宜鹦鹉；宜翠雾霏微，宜银河清浅；宜万里无云，长空如洗；宜千林雨过，叠嶂如新；宜高插江天，宜斜连城郭；宜开窗眺海日，宜露顶卧天风；宜啸，宜咏，宜终日敲棋；宜酒，宜诗，宜清宵对榻。

良夜风清，石床独坐，花香暗度，松影参差。黄鹤楼可以不登，张怀民[2]可以不访，《满庭芳》可以不歌。

茅屋竹窗，一榻清风邀客；茶炉药灶，半帘明月窥人。

娟娟花露，晓湿芒鞋[3]；瑟瑟松风，凉生枕簟[4]。

绿叶斜披，桃叶渡头，一片弄残秋月；青帘高挂，杏花

---

1 岧（tiáo）峣（yáo）：形容山高。

2 张怀民：张怀民，名梦得，一字偓佺，北宋官员。

3 芒鞋：即草鞋。

4 枕簟（diàn）：枕席，泛指卧具。

村里，几回典却春衣。

杨花飞入珠帘，帨巾洗砚；诗草吟成锦字，烧竹煎茶。良友相聚，或解衣盘礴，或分韵角险，顷之貌出青山，吟成丽句，从旁品题之，大是开心事。

木枕傲，石枕冷，瓦枕粗，竹枕鸣。以藤为骨，以漆为肤，其背圆而滑，其额方而通。此蒙庄之蝶庵，华阳之睡几。

小桥月上，仰盼星光，浮云往来，掩映于牛渚[1]之间，别是一种晚眺。

医俗病莫如书，赠酒狂莫如月。

明窗净几，好香苦茗，有时与高衲谭禅；豆棚菜圃，暖日和风，无事听友人说鬼。

花事乍开乍落，月色乍阴乍晴，兴未阑，踌躇搔首；诗篇半拙半工，酒态半醒半醉，身方健，潦倒放怀。

---

1 牛渚：今安徽马鞍山市采石镇。历史上向为南北纷争兵家必争之地。

良夜风清，石床独坐，花香暗度，松影参差。

湾月宜寒潭，宜绝壁，宜高阁，宜平台，宜窗纱，宜帘钩；宜苔阶，宜花砌，宜小酌，宜清谈，宜长啸，宜独往，宜搔首，宜促膝。春月宜尊罍，夏月宜枕簟，秋月宜砧杵，冬月宜图书。楼月宜箫，江月宜笛，寺院月宜笙，书斋月宜琴。闺闱月宜纱橱，勾栏月宜弦索[1]；关山月宜帆樯，沙场月宜刁斗[2]。花月宜佳人，松月宜道者，萝月宜隐逸，桂月宜俊英；山月宜老衲，湖月宜良朋，风月宜杨柳，雪月宜梅花。片月宜花梢，宜楼头，宜浅水，宜杖藜，宜幽人，宜孤鸿。满月宜江边，宜苑内，宜绮筵，宜华灯，宜醉客，宜妙妓。

佛经云：“细烧沉水，毋令见火。”此烧香三昧[3]语。

石上藤萝，墙头薜荔，小窗幽致，绝胜深山，加以明月清风，物外之情，尽堪闲适。

出世之法，无如闭关。计一园手掌大，草木蒙茸，禽鱼往来，矮屋临水，展书匡坐，几于避秦，与人世隔。

---

1 弦索：弦乐演奏。

2 刁斗：古代军队中用的一种器具，又名“金柝”“焦斗”。

3 三昧：指事物的诀要。

山上须泉，径中须竹。读史不可无酒，谭禅不可无美人。

幽居虽非绝世，而一切使令供具交游晤对之事，似出世外。花为婢仆，鸟为笑谈；溪漱涧流代酒肴烹炼，书史作师保，竹石质友朋；雨声云影，松风萝月，为一时豪兴之歌舞。情景固浓，然亦清趣。

蓬窗夜启，月白于霜，渔火沙汀，寒星如聚。忘却客于作楚，但欣烟水留人。

无欲者其言清，无累者其言达。口耳巽[1]人，灵窍忽启，故曰不为俗情所染，方能说法度人。

临流晓坐，欸乃忽闻，山川之情，勃然不禁。

舞罢缠头[2]何所赠，折得松钗；饮余酒债莫能偿，拾来榆荚[3]。

1 巽（xùn）：八卦之一，代表风。

2 缠头：指古代艺人把锦帛缠在头上作装饰。

3 榆荚：榆树的果实。

午罢无人知处，明月催诗；三春有客来时，香风散酒。

如何清色界，一泓碧水含空；那可断游踪，半砌青苔滞雨。村花路柳，游子衣上之尘；山雾江云，行李担头之色。

何处得真情，买笑不如买愁；谁人效死力，使功不如使过。

芒鞋甫挂，忽想翠微之色，两足复绕山云；兰棹方停，忽闻新涨之波，一叶仍飘烟水。

旨愈浓而情愈淡者，霜林之红树；臭愈近而神愈远者，秋水之白蘋。

龙女濯冰绡，一带水痕寒不耐；姮娥[1]携宝药，半囊月魄影犹香。

山馆秋深，野鹤唳残清夜月；江园春暮，杜鹃啼断落花风。石洞寻真，绿玉嵌乌藤之仗；苔矶垂钓，红翎间白鹭之

1 姮娥：指嫦娥。

蓑。晚村人语，远归白社之烟；晓市花声，惊破红楼之梦。

案头峰石，四壁冷浸烟云，何与胸中丘壑；枕边溪涧，半榻寒生瀑布，争如舌底鸣泉。

扁舟空载，赢却关津不税愁；孤杖深穿，揽得烟云闲入梦。

幽堂昼密，清风忽来好伴；虚窗夜朗，明月不减故人。

晓入梁王之苑，雪满群山；夜登庾亮之楼，月明千里。

名妓翻经，老僧酿酒，书生借箸谈兵，介胄[1]登高作赋，羡他雅致偏增；屠门食素，狙侩[2]论文，厮养盛服领缘，方外束修怀刺，令我风流顿减。

高卧酒楼，红日不催诗梦醒；漫书花榭，白云恒带墨痕香。

---

1 介胄：指武士。

2 狙侩：狡猾奸诈。

相美人如相花，贵清艳而有若远若近之思；看高人如看竹，贵潇洒而有不密不疏之致。

梅称清绝，多却罗浮一段妖魂；竹本萧疏，不耐湘妃数点愁泪。

穷秀才生活，整日荒年；老山人出游，一派熟路。

眉端扬未得，庶几在山月吐时；眼界放开来，只好向水云深处。

刘伯伦携壶荷锸，死便埋我，真酒人哉；王武仲闭关护花，不许踏破，直花奴耳。

一声秋雨，一行秋雁，消不得一室清灯；一月春花，一池春草，绕乱却一生春梦。

夭桃红杏，一时分付东风；翠竹黄花，从此永为闲伴。

花影零乱，香魂夜发，冁然[1]而喜。烛既尽，不能寐也。

---

1 冁（chǎn）然：满面笑容。

花阴流影，散为半院舞衣；水响飞音，听来一溪歌板。

一片秋色，能疗客病；半声春鸟，偏唤愁人。

会心之语，当以不解解之；无稽之言，是在不听听耳。

云落寒潭，涤尘容于水镜；月流深谷，拭淡黛于山妆。

寻芳者追深径之兰，识韵者穷深山之竹。

花间雨过，蜂粘几片蔷薇；柳下童归，香散数茎檐卜[1]。

幽人到处烟霞冷，仙子来时云雨香。

落红点苔，可当锦褥；草香花媚，可当娇姬。草逆则山鹿溪鸥，鼓吹则水声鸟啭。毛褐为丸绮，山云作主宾。和根野菜，不酿侯鲭[2]；带叶柴门，奚输甲第。

---

1 檐卜：西域植物，其花甚香。

2 侯鲭：精美的荤菜。

野筑郊居，绰有规制；茅亭草舍，棘垣竹篱，构列无方，淡宕如画，花间红白，树无行款。徜徉洒落，何异仙居？

墨池寒欲结，冰分笔上之花；炉篆[1]气初浮，不散帘前之雾。青山在门，白云当户，明月到窗，凉风拂座。胜地皆仙，五城十二楼，转觉多设。

何为声色俱清？曰：松风水月，未足比其清华。何为神情俱彻？曰：仙露明珠，讵能方其朗润。

“逸”字是山林关目，用于情趣，则清远多致；用于事务，则散漫无功。

宇宙虽宽，世途眇于鸟道；征逐日甚，人得浮比鱼蛮[2]。

柳下舣舟，花间走马，观者之趣，倍个个中。

问人情何似？曰：野水多于地，春山半是云。问世事何

---

1 炉篆（zhuàn）：香炉的烟缕。

2 鱼蛮：渔夫。

似？曰：马上悬壶浆，刀头分顿肉。

尘情一破，便同鸡犬为仙，世法相拘，何异鹤鹅作阵。

清恐人知，奇足自赏。

与客到金樽，醉来一榻，岂独客去为佳;有人知玉律[1]，回车三调，何必相识乃再。笑元亮之逐客何迂，羡子猷之高情可赏。

高士岂尽无染，莲为君子，亦自出于淤泥；丈夫但论操持，竹作正人，何妨犯以霜雪。

东郭先生之履，一贫从万古之清；山阴道士之经，片字收千金之重。

管辂请饮后言，名为酒胆；休文以吟致瘦，要是诗魔。

因花索句，胜他牍奏三千；为鹤谋粮，赢我田耕二顷。

1 玉律：玉制的标准定音器。

至奇无惊，至美无艳。

瓶中插花，盆中养石，虽是寻常供具，实关幽人性情。若非得趣，个中布置，何能生致？

舌头无骨，得言语之总持；眼里有筋，具游戏之三昧。

湖海上浮家泛宅，烟霞五色足资粮；乾坤内狂客逸人，花鸟四时供啸咏。

养花，瓶亦须精良，譬如玉环、飞燕，不可置之茅茨[1]，嵇阮贺李[2]，不可请之店中。

才有力以胜蝶，本无心而引莺；半叶舒而岩暗，一花散而峰明。

玉槛连彩，粉壁迷明。动鲍昭之诗兴，销王粲之忧情。

1 茅茨：指简陋的茅屋。

2 嵇阮贺李：指性格狂放不羁的嵇康、阮籍、贺知章和李白四人。

清恐人知，奇足自赏。

急不急之辨，不如养默；处不切之事，不如养静；助不直之举，不如养正；恣不禁之费，不如养福；好不情之察，不如养度；走不实之名，不如养晦；近不祥之人，不如养愚。

诚实以启人之信我，乐易以使人之亲我，虚己以听人之教我，恭己以取人之敬我，奋发以破人之量我，洞彻以备人之疑我，尽心以报人之托我，坚持以杜人之鄙我。

附录

陈继儒传

陈继儒，字仲醇，松江华亭人。幼颖异，能文章，同郡徐阶特器重之。长为诸生，与董其昌齐名。太仓王锡爵招与子衡读书支硎山。王世贞亦雅重继儒，三吴名下士争欲得为师友。继儒通明高迈，年甫二十九，取儒衣冠焚弃之。隐居昆山之阳，构庙祀二陆，草堂数椽，焚香晏坐，意豁如也。时锡山顾宪成讲学东林，招之，谢弗往。亲亡，葬神山麓，遂筑室东佘山，杜门著述，有终焉之志。工诗善文，短翰小词，皆极风致，兼能绘事。又博文强识，经史诸子、术伎稗官与二氏家言，靡不较核。或刺取琐言僻事，诠次成书，远近竞相购写。征请诗文者无虚日。性喜奖掖士类，屦常满户外，片言酬应，莫不当意去。暇则与黄冠老衲穷峰泖之胜，吟啸忘返，足迹罕入城市。其昌为筑来仲楼招之至。黄道周疏称“志尚高雅，博学多通，不如继儒”，其推重如此。侍郎沈演及御史、给事中诸朝贵，先后论荐，谓继儒道高齿茂，宜如聘吴与弼故事。屡奉诏征用，皆以疾辞。卒年八十二，自为遗令，纤悉毕具。

摘自《明史》卷二百九十八　列传第一百八十六　隐逸部

《醉古堂剑扫》自序

陆绍珩

余性懒，逢世一切炎热争逐之场，了不关情。唯是高山流水，任意所如，迁翠丛紫莽，竹林芳径，偕二三知己，抱膝长啸，悠然忘归，加以名姝凝盼，素月入怀，轻讴缓板，远韵孤箫，青山送黛，小鸟兴歌，侪侣忘机，茗酒随设，余心最欢乐不可极。若乃闭关却扫，图史杂陈，古人相对，百城往列，几榻之余，绝不闻户外事，则又如桃源人，尚不识汉世，又安论魏晋哉？此其乐，更未易一二为俗人言也。遂如司马公案头，常置数簿，每遇嘉言格论，丽词醒语，不问古今，随手辄记，卷以部分，趣缘旨舍，用浇胸中傀儡，一扫世态俗情，致取自娱，积而成帙。今秋，落魄京邸，睹此寂寂，使邓禹笑人，未免有情，亦复谁能遣此？因共友人问雨花之址，寻采石之岩，江山历落，使我怀古之情更深，迺出所手录，快读一过，恍觉百年幻泡，世事棋枰，向来傀儡，一时俱化。虽断蛟剸笔之利，亦不过是。友人鼓掌叫绝曰：此真热闹场，一剂清凉散矣！夫镆邪钝兮铅刀割，君有笔兮杀无血，可题《剑扫》，付之剞劂。

《醉古堂剑扫》序

池内奉时

余之所独，而世人之所不同。若夫读书之中，寓看剑之趣者，其唯《醉古堂剑扫》乎？其命名已奇，而分门更奇。盖裒古人名言快语以成帙，字字简淡，句句隽妙，可以焕发精神，可以开豁灵慧，亦犹看剑而星动龙飞，光彩陆离，其快意可胜舍哉？往年偶获誊本，欲刻之以当一部说剑，然鲁鱼颇多，因循未果。顷者，借崇兰馆所藏原本，校订而开雕之。

《醉古堂剑扫》跋

赖醇

余顷得明陆湘客《剑扫》者读之，盖湘客亦一不平才子也，尝著此书，以排其郁闷。自序云：甲子秋，落魄京邸，乃出所手录，刻曰《剑扫》。甲子，即天启元年，魏珰横恣，举朝妇人之秋也，则湘客之寓不平于此书可知也。此书辑古人名言碎语，分部奇警，剪裁雅洁，人一翻帙，不能释手，自赞所谓“快读一过，恍觉百年幻泡，世事棋枰，向来傀儡，一时俱化者”，信矣。呜乎！湘客不平之人，而为快言之书，又使后世不平人读之，快意不止。何也？子长曰：古来著书，大抵圣贤君子发愤之所为。盖作不平人无知不平之情，自解解人，皆得其要因，不足怪也。余因与池内士辰谋梓以行世。

《醉古堂剑扫》凡例

博采《史记》《汉书》《世说》等书，目所经见者靡不拣，入别调者便不滥摘。

集有批点，出韵人口，入韵人目，如磁遇铁，自然相投，不必点缀为工。兹虽无批点，而已入韵目。

名公姓氏，非敢妄书，但系同志，即书字号，正望奇文共欣赏，疑义相与析。

是编纵未令长安纸贵，倘蒙玄鉴，嗣有续刻。

板取梨木，精择佳纸，更觅刻手名家，笔笔真楷，雅致一段苦心，珍赏家原之。